华章图书

一本打开的书，
一扇开启的门，
通向科学殿堂的阶梯，
托起一流人才的基石。

Web开发技术丛书

Vue.js应用测试

[英] 埃德·耶伯格(Edd Yerburgh)著

李宏凯 李冬梅 译

Testing Vue.js Applications

图书在版编目（CIP）数据

Vue.js 应用测试 /（英）埃德 · 耶伯格（Edd Yerburgh）著，李宏凯，李冬梅译．—北京：机械工业出版社，2020.2
（Web 开发技术丛书）
书名原文：Testing Vue.js Applications

ISBN 978-7-111-64670-9

I. V… II. ①埃… ②李… ③李… III. 网页制作工具 - 程序设计 IV. TP392.092.2

中国版本图书馆 CIP 数据核字（2020）第 023698 号

本书版权登记号：图字 01-2019-0731

Edd Yerburgh: Testing Vue.js Applications (ISBN 978-1617295249).

Original English language edition published by Manning Publications Co., 209 Bruce Park Avenue, Greenwich, Connecticut 06830.

Vue.js 应用测试

出版发行：机械工业出版社（北京市西城区百万庄大街 22 号 邮政编码：100037）

责任编辑：刘 锋　　责任校对：李秋荣

印　刷：北京瑞德印刷有限公司　　版　次：2020 年 3 月第 1 版第 1 次印刷

开　本：186mm × 240mm 1/16　　印　张：15.25

书　号：ISBN 978-7-111-64670-9　　定　价：79.00 元

客服电话：（010）88361066 88379833 68326294　　投稿热线：（010）88379604

华章网站：www.hzbook.com　　读者信箱：hzit@hzbook.com

The Translator's Words 译 者 序

在软件开发的世界里，如何对应用程序进行测试来保证其符合预期是至关重要的，开发 Vue.js 应用程序也不例外。在系统开发过程中，对软件功能进行补充修改，对系统模块进行重构可谓是家常便饭，而这些修改很可能会在无意中影响程序的其他地方，造成未知的问题。从修复软件缺陷的代价的角度来看，缺陷发现或解决得越迟，其修复成本就越高，因此，从软件开发的一开始就编写测试套件会是一个不错的选择。

然而事实上，在实际开发过程中，编写测试代码通常是开发人员不太喜欢的一个环节。大多数情况下，前端开发人员在开发完一项功能之后，只是打开浏览器手动点击，查看效果是否正确，之后就很少对该块代码进行管理。造成这种情况的主要原因有两个：一个是业务繁忙，没有时间进行测试的编写；另一个则是不知道如何正确地编写 Vue 测试套件。

应用程序中哪些部分应该被优先测试？这些部分应该使用什么方法进行测试？一些特殊场景下的测试问题怎么解决？我们如何从一开始就整合不同的测试技巧，编制一个高效的测试套件？相信很多人都对这些问题感到困惑，幸运的是，Vue 核心开发团队成员、Vue Test Utils 的核心作者埃德·耶伯格（Edd Yerburgh），通过将日常编写测试时所使用的技巧进行提炼，最终编写了本书，上述问题在本书中都一一得到了解答。译者有幸翻译这本著作，与大家一同探索 Vue.js 应用程序测试中的奥秘。

本书旨在为 Vue 应用程序开发者提供程序测试指导，适用于不同能力水平的 Vue 应用程序开发者。本书通过从零编写 Hacker News 应用程序测试的方式，详细阐述了 Vue.js 应用程序在每个开发阶段所适用的测试技巧，完整展示了编制 Vue.js 应用程序测试套件必备的技能。本书的前两章是对测试 Vue.js 应用的简单介绍，以及编写 Vue.js 测试的基础引导；第 3 ～ 11 章和第 13 章针对 Vue.js 程序的特性，分别介绍了测试 Vue 组件输出、events、methods 、Vuex、Vue Router 以及测试 mixin、filter 和 SSR 的方法；第 12 章和第 14 章则介绍了常见的快照测试和端到端测试的相关内容。除此之外，书中还对测试中遇到的一些特殊情况进行了描述，例如在第 11 章中，使用了 Date.now 方法的函数返回值是在不断变化的，这也就导致了测试无法准确预测该值，作者在演示如何通过 mock Date.now 方法来解决此特殊情况的同时，也向我们展示了该系列问题的解决思路。读者结合书中实例进行演练，即可迅速掌握相关测试技巧。

本书的前 7 章由李冬梅翻译，后 7 章由李宏凯翻译，李宏凯负责全书统稿。为了确保术语翻译的准确性，我们在翻译过程中查阅了大量的资料，以求尽可能详尽准确。不过由于时间和能力有限，书中内容难免存在纰漏，欢迎广大读者以及业内同行批评指正，联系邮箱为 Lihk11844@126.com。

本书的出版要感谢很多人，首先我们要感谢张世武，正是他的支持与推荐，译者才有了翻译本书的机会；感谢华章公司的王春华和刘锋编辑，在翻译过程中，译者得到了许多专业的指导与帮助，编辑们的付出确保了本书的高质量出版；感谢我们的同事、朋友，一直支持并帮助我们审校译稿内容；感谢我们的家人，是他们的支持、鼓励与理解，让我们可以腾出更多的业余时间心无旁骛地专心翻译本书。最后，感谢原作者 Edd Yerburgh，感谢他为我们带来了如此精彩的 Vue 测试作品，让我们一览 Vue 测试的精彩操作！

李宏凯　李冬梅

2019 年 10 月 16 日

Preface 前　言

这是一本关于为 Vue 应用程序编写自动化测试的书。这本书的大部分内容集中在单元测试上，因为单元测试组件的技术是 Vue 所特有的。我还分别花了两章篇幅解释快照测试和端到端测试。

本书的目的是教你编写一套健壮的自动化测试，以验证 Vue 应用程序是否正确工作。我将教你一些我认为最有效的测试技巧和方法。

哪些人应该阅读本书

本书是为希望提高测试技能的 Vue 开发人员编写的。本书面向有经验的 Vue 开发人员和初学者，没有 Vue 经验的开发人员应该在阅读本书之前先学习基础知识。

本书的组织结构

本书共分为 14 章：

- 第 1 章介绍自动化测试和 Vue 框架。
- 第 2 章介绍单元测试。在这一章中，你将设置 Jest 来编译 Vue 单文件组件并编写你的第一个单元测试。
- 第 3 章讨论编写单元测试来检查组件输出。
- 第 4 章会解释如何测试方法。你将学习如何使用存根来测试组件方法，如何测试使用了定时器函数的代码，以及如何测试从其他模块导入复杂函数的组件。
- 第 5 章讨论测试事件。它包括测试原生 DOM 事件和自定义 Vue 事件。
- 第 6 章将介绍 Vuex。Vuex 是一个复杂的话题，所以本章是第 7 章的入门，你将学习如何测试 Vuex。

- 第 7 章介绍如何测试 Vuex。它包含测试了 Vuex store, 以及与 Vuex store 连接的组件。
- 第 8 章讨论了使用工厂函数来优化测试文件结构。
- 第 9 章介绍 Vue Router 以及如何把它添加到项目中。
- 第 10 章研究如何测试使用了 Vue Router 的组件。
- 第 11 章讨论了测试 mixin 和过滤器（filter），以及测试使用它们的组件。
- 第 12 章研究快照测试。
- 第 13 章描述了如何测试服务器渲染的应用程序中的代码。
- 第 14 章通过端到端测试的教学来完成本书，进而完成你的测试。

尽管我已经确保每一章都可以拿出来单独阅读，但最好从头至尾阅读本书。本书通过从头构建一个 Hacker News 应用程序来教授测试，因此你将从零开始学习测试大型应用程序的过程。如果按顺序阅读本书，你将能够看到为应用程序编写测试和代码的整个过程。不过我已将每章中的代码包含在本书中，编写代码清单的目的是使它们在没有 Hacker News 应用程序更广泛上下文的情况下仍有意义。

关于代码

在本书中，你将从零构建一个 Hacker News 应用程序，其中只有第 5 章使用了不同的代码库。所有的代码都可从华章网站 http://www.hzbook.com 的本书页面中下载。同时在 GitHub 上也可以获取，你可以遵循附录 A 的指导找到这个仓库。每一章都有包含当前代码的 Git 分支，因此你可以借助分支来查看上一章 Hacker News 的代码。

GitHub 需要使用 Git，所以你需要安装它才能读取仓库。你需要使用 Node 来运行测试以及应用程序代码。你也需要安装 Java 来运行端到端测试。附录 A 已经包含了安装 Node 和 Java 的详细信息。

Acknowledgements 致　谢

我是在全职期间写作这本书的，期间还参与了开源项目维护，并在各种大会上演讲。可以很直白地说，这一年我比任何时候都更加努力。没有家庭、朋友和同事们的帮助，我根本无法完成写作。

首先，我要感谢 Bláithín，在写作过程中他一直都在支持着我。非常感谢你在那些我蜷缩在笔记本电脑前写作的周末给予我耐心和理解，没有你我将无法写完本书。

我要感谢 Manning 的朋友：出版商 Marjan Bace 以及编辑和制作团队中的每一个人，他们使得这本书的问世成为可能。特别要感谢的是我的编辑 Toni, 她在整个过程中给予了我很大帮助，她的指导是无价的。

我还要感谢那些在本书写作过程中抽出时间阅读手稿并提供了宝贵反馈的评论者：Dane Balia、Gabriele Bassi、Julio Biason、John Farrar、Tamara Forza、George Gaines、Jon Guenther、Foster Haines、Clive Harber、Reka Horvath、Roman Kuba、Alberto Luis、Tom Madden、Viktor Nemes、Ubaldo Pescatore、Julien Pohie、Dan Posey、Fernandez Reyes、Jim Schmehil、Vishal Singh，以及 Yuxi（Evan）You。

目　录 *Contents*

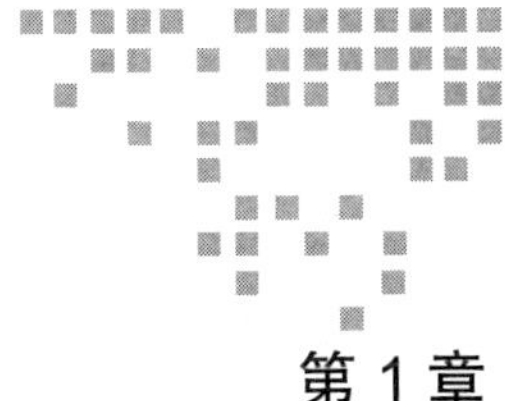

第 1 章 Chapter 1

Vue 程序测试介绍

本章内容

- 什么是测试
- 为什么测试非常有用
- 单元测试、端到端测试以及快照测试之间的区别
- Vue 核心概念

作为一名开发者，你一定希望自己的代码没有任何 bug。没有什么比周一早上上班时发现上周五更改的代码导致应用程序故障更糟糕的事情了！唯一能够确保应用程序正常工作的方法就是进行程序测试。因此，学会如何对应用程序进行全面的测试至关重要。

高效的测试方法可以加快开发速度，提高代码质量，消除应用程序中的错误，而一个欠佳的测试方法则会毁掉一个项目。这本书将会向读者介绍如何有效地进行 Vue 应用程序测试，以确保从测试中受益，避免掉入各种陷阱。在阅读完本书之后，你将会成为 Vue 应用程序测试大师，能够熟练地测试所遇到的任何 Vue 程序。

为了学习 Vue 应用程序测试的技能，需要利用 Git 克隆 Hacker News 项目，并为它写一个完整的测试套件。Hacker News 将会用到 Vue、Vuex、Vue Router，以及服务端渲染——就像大多数大型 Vue 应用程序一样。

在传授这些技能的同时，我也想把从业多年提炼出来的思维模式和测试方法一并传授给读者。在这本书里，我将提供一些锤炼测试技巧的建议。

本章是 Vue 应用程序测试的一个引子，将会从宏观层面简要地介绍一下测试概念。在本书中你将会了解到各种不同的测试类型，以及与将要编写的测试用例相关的 Hacker News 应用程序。本章最后将会解释一些 Vue 核心概念，确保我们对谈论的内容的理解是一致的。

首先要做的事是给测试下定义。

1.1 测试的定义

任何合格的学术论文在深入讨论它所使用的概念之前都要先给这些概念下定义。因此，与一篇高质量的学术论文一样，本书在教给读者各种测试技能之前，先要对应用程序测试进行定义。

一个简单的定义是：应用程序测试是指检查应用程序运行过程是否正确。验证应用程序的行为是否正确是很容易的，但是当谈到不同的测试技术时，这个主题就变得很有趣了。

测试方法主要有两种：手动测试和自动化测试。手动测试是通过测试人员与应用程序的交互来检查其是否正常工作。而自动化测试是编写应用程序来替代人工检验。

本书的大部分内容属于自动化测试，不过，为了理解自动化测试的便利之处，读者需要先理解手动测试。

1.1.1 手动测试

每一个称职的开发人员都懂得手动测试代码。正如咀嚼食物之后要吞食一样，在编写完源代码之后，下一步理所当然就是去手动测试它。

请想象一下，你正在创建一个注册表单。当你写完代码的时候，你不会直接关闭编辑器，然后告诉你的老板你已经完成了。相反，你会打开浏览器，填写注册表单，然后确保它可以正确地完成注册流程。换句话说，你首先会去手动测试这些代码。

手动测试对小型项目很适用。如果你有一个待办事项清单 App，并且可以在两分钟内手动完成检查，那么你就不需要进行自动化测试。但是当你的应用程序增大到一定规模时，依靠手动测试将会成为负担。

在这里，给读者们分享一下我在开发第一个大型 JavaScript 应用程序时出现的幺蛾子，那个程序简直糟糕透了。不知道你是否听说过面条式代码？这份代码乱得像是意大利面条式、意大利干面条式和意大利扁面条式代码的混合物。理解这些应用程序的代码逻辑非常困难，其中也没有任何自动化测试。不用说，代码中肯定存在 bug。为了在版本上线之前发现并消灭这些 bug，就需要对应用程序进行手动测试。那会儿，每周三我们都会泡上浓浓的咖啡，打开一堆用户手册，在电脑前蹲上四个小时，执行整套测试指令。这个过程非常痛苦。

定义 用户手册指的是包含一系列步骤的列表，用户可以通过应用程序完成这些步骤，例如打开应用程序、填写表单、点击提交等。

考虑到在开发过程中，10% 的时间都花在了手动测试上，读者可能认为我们能够剔除产品中所有的 bug。事实并非如此，应用程序中到处都隐藏着 bug。其原因是当测试特性

太多时（如超过100种），手动测试实在是太困难了，很容易注意力不集中，忘记测试某项功能。

有一次当我按用户手册进行检查的时候，竟意外忘记检查点击可播放音频轨道元数据的某个按键了。由于其他开发人员也忘记检查，这个bug一直存在了好几个月！

虽然有一部分手动测试时间是花在测试新特性上，但是大部分时间还是用来检查之前的特性是否仍正常工作。这种测试被称为回归测试。回归测试对人类来说是非常困难的任务——它们是重复性的，要求投入很多注意力，而且没有创造性的输入。总之，这种测试太枯燥了。幸运的是，计算机特别擅长此类工作，这也是自动化测试可以大展身手的地方！

1.1.2 自动化测试

自动化测试（automated testing）是利用计算机程序检查软件是否运行正常的测试方法。换句话说，就是用其他额外的代码检查被测软件的代码。当测试代码编写完之后，就可以不费吹灰之力地进行无数次重复测试。

可使用许多种不同的方法来编写自动化测试脚本。可以编写通过浏览器自动执行的程序，可以直接调用源代码里的函数，也可以直接对比程序渲染之后的截图。虽然每一种方法的优势各不相同，但它们有一大共同点：相比手动测试而言节省了大量时间。

在前面的部分，谈到了我经手的一个未进行自动化测试的应用程序，该程序带来的烦扰是：在每次新版本上线之前，都要进行长达四个小时的手动测试。在我加入这个团队后不久，技术总监决定采用自动化测试方法来解决这个问题。久而久之，我们在测试上投入的时间从手动测试的四个小时降低到自动化测试的二十分钟。

自从经历过这件事后，我总是从一开始就为大型项目编写自动化测试。驯服一匹从生下来就和人类生活在一起的马可比驯服一匹囚禁起来的野马容易多了。本书中，读者将学会如何通过编写良好的测试代码来创建一个易管理的应用程序。

自动化测试在检查应用程序是否仍正常工作方面很有用，它们也使得检验应用程序代码变更变得更加容易。现在，让我们看一下实际应用中自动化测试的例子——测试GitHub的拉取请求（pull request）。

1.1.3 测试GitHub的拉取请求

GitHub是一个存放很多Git仓库的网站。许多开源项目例如Vue都存放在这个网站上，而我任职过的大多数公司也是把它们的代码放在GitHub上的私有仓库中。

定义 Git是一个版本控制系统。我假定你使用过它，并且熟悉合并、分支及混合概念。如果不了解，请阅读Git文档https://git-scm.com。

拉取请求是GitHub工作流程的一部分。在开发人员将代码合并到主分支之前，拉取请

求可以让开发人员有机会对各分支的代码变更进行审核。

注释 如果对 GitHub 工作流不熟悉，请阅读 *Understanding the GitHub Flow*（https://guides.github.com/introduction/flow）。

通常审核一个拉取请求时，需要将代码变更拉到本地计算机上，运行应用程序，并手动测试代码是否仍正常工作。这个过程非常耗时，有些人在审核拉取请求时就会选择省略掉该过程。

自动化测试会使这个过程变得很容易。当一个项目有自动化测试时，就可以建立一个下载拉取请求分支的服务，运行测试套件，并通过报告返回是否通过的测试结果（图 1.1）。只要充分相信测试，就无须在本地计算机上手动进行代码检查。

Webpack src alias ✓
#7 by Austio was merged on 13 Jun

图 1.1　一个通过测试的拉取请求；测试通过后会显示对勾符号

注释 大多数开源项目都要求开发人员对新添加的功能编写新的测试代码。Vue 仅接受包含测试的新代码拉取请求。

除了使拉取请求更容易审核之外，自动化测试还可以实现现代工作流程，如持续集成和持续交付。如果对这些工作流程感兴趣，可以在 Martin Fowler 的博客（http://mng.bz/nxVK）阅读相关内容。

至此，我已经定义了自动化测试和手动测试的概念，是时候更具体一些了。下一节我会概述一下自动化测试技术，以及如何运用它们检查应用程序。

注释 正如 the Facebook 去掉 the 成为 Facebook 一样，是时候去掉自动化测试中的“自动化”字样了。从现在开始，我将把自动化测试称为测试。

1.2　测试概览

在前面的内容中我已经从宏观层面提及测试的概念，现在是时候谈一谈具体的测试类型了。在本书中，读者将会学习针对前端应用程序编写的三种测试类型——单元测试、快照测试和端到端测试。

1.2.1　端到端测试概览

端到端测试是最直观可以理解的测试类型。在前端应用程序中，端到端测试可以从用户的视角通过浏览器自动检查应用程序是否正常工作。

想象一下，你正在编写一个计算器应用程序，并且你想测试两个数求和的运算方法是否正确。你可以编写一个端到端测试，打开浏览器，加载计算器应用程序，单击“1”按钮，单击加号“+”按钮，再次单击“1”按钮，单击等号“=”，最后检查屏幕是否显示正确结果“2”。代码示例见例 1.1。

例 1.1　一个端到端测试，检查计算器两数求和的方法

```
function testCalculator(browser) {
  browser
    .url('http://localhost:8080')          导航到浏览器本地运行应用程序
    .click('#button-1')
    .click('#button-plus')                 点击计算器按钮
    .click('#button-1')
    .click('#button-equal')
    .assert.containsText("#result", "2")   断言计算器显示结果是否正确
    .end();
}
```

端到端测试非常节省时间。编写完一个端到端测试后，读者可以根据自己的需求随时运行它。想象一下，相比执行数百次同样的手动测试，这样一套测试代码可以节省多少时间！

刚开始，你会以为有端到端测试就足够了，但它们仍存在一些问题。首先，端到端测试运行不够快。启动浏览器需要占用几秒钟，网站响应速度又慢。通常一套端到端测试需要 30 分钟的运行时间。如果应用程序完全依赖于端到端测试，那么测试套件将需要数小时的运行时间。

端到端测试的另一个问题是调试起来比较困难。要调试端到端测试，需要打开浏览器并逐步完成用户操作以重现 bug。本地运行这个调试过程就已经够糟糕了，如果测试是在持续集成服务器上失败而不是本地计算机上失败，那么整个调试过程会变得更加糟糕。

注释　有一种方式可以避免重现过程出现问题，就是在可重现的环境中运行端到端测试，例如 Docker 容器。虽然 Docker 容器内容超出本书范围，但运行端到端测试时应该考虑使用 Docker 容器，以确保避免因不同运行环境而产生重现 bug 失败的问题。

端到端测试还有一个问题，它可能成为 flaky 测试。flaky 测试表示即使被测应用程序正常运行，测试仍然频繁失败，或许是因为代码执行时间太长或许是因为 API 暂时失效。对待 flaky 测试，就像对待一个爽约的朋友，久而久之就会不再对其认真，“哦，不，测试失败了！让我看看……哦，又是那个总是失败的测试，没有什么可担心的”。flaky 测试使你的测试套件变得不那么有用，但是在编写端到端测试时却很难避免！

如果要列举开发人员的抱怨清单，我一定会将端对端测试列入前三名。我认为虽然端到端测试有用，但它不应该是应用测试中唯一的测试类型。

本书仅用一章来专门描述端到端测试，一是因为端到端测试的缺点，二是因为端到端测试与框架无关——无论应用程序是用 Vue 还是用 MooTools 编写的，端到端测试都能正常运行。

端到端测试是可以自动执行的手动测试。读者可以针对实时网站定期运行端到端测试，或者在代码合并到主分支之前运行端到端测试。

端到端测试并不是一种新的测试代码的方法，它只是加快了手动测试的执行速度。而单元测试却是一种不同于手动测试代码的新方法。

1.2.2 单元测试概览

单元测试是对应用程序最小的部分（单元）运行测试的过程。通常，测试的单元是函数，但在 Vue 应用程序中，组件也是被测单元（稍后会详细介绍）。

还记得计算器应用程序吗？代码中应用程序使用一个 sum 函数对两个数字进行求和。

如果为了易于阅读，你又编辑了该函数，你需要测试该函数是否仍能正常工作。你可以运行一个端到端测试，但如果端到端测试失败，你无法知道问题是因 sum 函数还是因源代码中其他函数导致的。确定是否因 sum 函数而导致失败的唯一方法就是单独运行 sum 函数。单元测试可以完成此操作。

单元测试可以单独调用源代码中的函数并断言其行为是否正确（见例 1.2）。这是一个简单的程序，导入 sum 函数，运行它，如果 sum 函数不返回 2，则抛出错误。

例 1.2 一个基本的单元测试

```
// sum.js
export default function sum(a, b) {      <-- 待测函数
  return a + b
}

// sum.spec.js
import sum  from '../sum'                <-- 将 sum 函数导入测试文件

function testSum() {
  if (sum(1,1) !== 2) {                  <-- 如果 sum 函数不返回 2 则抛出错误
    throw new Error('sum(1,1) did not return 2')
  }
}

testSum()                                <-- 运行测试
```

因为单元测试是针对一个独立的单元运行的，所以当一个写得好的单元测试失败时，它会成为一个闪烁的霓虹标志指向问题代码。

与端到端测试不同，单元测试运行速度很快，只需要几秒钟的运行时间，因此你可以在每次代码变更后都运行单元测试，从而快速得到变更是否破坏现有功能的反馈。

单元测试的一个好处是提供文档。如果新入项目的开发人员需要了解单元代码的行为，

他们可以查看测试以确切地了解一个单元代码的行为方式。

我之前提及过 flaky 端到端测试，即使应用程序正常工作，测试仍经常失败。写得好的单元测试不会遇到这个问题。只要单元测试是确定的，运行一千次也都会通过。

至此，关于单元测试我只介绍了优点，但我并不想误导你，与端到端测试一样，单元测试也有其自身的问题。

单元测试的一个大问题是重构代码困难。人们不经常谈论这个问题，但我对这个问题却深有体会。

定义　重构是重写代码的过程，通常是为了提高代码质量，但这取决于谁在进行重构！

如果要将一个已具备单元测试的复杂功能拆分为两个单独的功能，需要在更改代码的同时更改相应的单元测试。这样重构就变得不那么吸引人了。我曾在一段时间里不愿意对代码结构进行变更，因为这样需要更多额外的工作来更新单元测试。但没有轻松的解决方案，想要长效地节省时间，单元测试就是额外需要考虑的事情。

单元测试的另一个问题是它们只针对应用程序的各个部分进行独立检查。它们可以测试汽车各个部件是否正常工作，但无法检查部件组装在一起后，发动机是否可以正常启动。这是单元测试无法解决的问题。它们可以确保单元代码的行为符合预期，但却无法保证各单元之间交互是否正常。这就是为什么需要用端到端测试补充单元测试的原因。

到此，我已经完成了对端到端测试和单元测试的概述。最后，我要向你讲授的测试类型是快照测试。

1.2.3　快照测试

玩过“找不同”吗？“找不同”是一款游戏，规则是在两张存在很小差异的相似图片之间，识别出它们的不同之处。

快照测试类似于“找不同”游戏。快照测试会给运行中的应用程序拍一张图片，并将其与以前保存的图片进行比较。如果图像不同，则测试失败。这种测试方法对确保应用程序代码变更后是否仍然可以正确渲染很有帮助。

传统快照测试是在浏览器中启动应用程序并获取渲染页面的屏幕截图。它们将新拍摄的屏幕截图与已保存的屏幕截图进行比较，如果存在差异则显示错误。这种快照测试在操作系统或浏览器存在版本间差异时，即使快照并没有改变，也会遇到测试失败问题。

在本书中，我将教你如何使用 Jest 测试框架编写快照测试。取代传统对比屏幕截图的方式，Jest 快照测试可以对 JavaScript 中任何可序列化值进行对比。你可以使用它们来比较 Vue 组件的 DOM 输出。关于快照测试的详细内容会在第 12 章中描述。

定义　可序列化表示任何可以转换为字符串然后返回值的代码。实际上，它指的是 V8 方法，但没有必要深究这些细节！

现在你已经了解了你要编写的每种测试类型，是时候讨论如何将这些不同的测试类型结合起来编写有效的测试套件了。

1.2.4 有效地组合测试类型

如果你以正确的比例将糖、面粉和黄油混合，你会得到美味的曲奇饼干。但如果使用错误的比例混合，你将会得到粉状牛奶。你需要将不同类型的测试以正确的比例组合在一起，以确保你拥有一个强大的测试套件，而不是一堆杂乱的测试代码。

在图1.2中，你可以看到前端测试金字塔。它展现了不同测试类型在前端测试套件中所占的比例。根据我的经验，这是构建前端Vue应用程序测试套件的最佳方式。

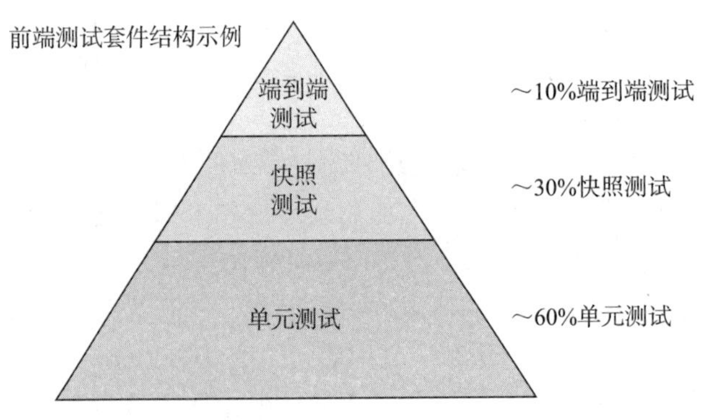

图1.2 测试金字塔，单元测试应占大部分比例

测试金字塔的大部分由单元测试组成，它们在开发应用程序时可以提供快速反馈。快照测试运行也很快，但它们比单元测试涵盖范围更广，因此你不需要太多的快照测试。

如前所述，端到端测试对验证应用程序非常有用，但它们可能很慢而且不稳定。避免flaky测试的最佳方法就是不要编写它们，因此前端测试金字塔中包含的端到端测试并不多。

没有集成测试

如果你是一位经验丰富的开发人员，你可能听说过集成测试。集成测试是另一种类型的测试，通常与单元测试和端到端测试结合使用。

我不建议为前端代码编写集成测试。前端的集成测试很难定义、编写及调试。

人们定义集成测试的方式并不相同，尤其是对于前端。有些人认为在浏览器环境上运行的测试是集成测试；有些人认为对具有模块依赖性的单元进行的任何测试都是集成测试；也有些人认为任何完全渲染的组件测试都是集成测试。

在第13章中，我将教授如何编写服务端的集成测试（用我自己的定义方式），以确保服务端正确响应HTTP请求。但是对于本书中的前端测试，你不需要编写任何集成测试。

在本书中，你将按照前端测试金字塔的结构创建一个测试套件。我将遵循测试驱动开发的工作流程教你编写测试套件。你需要了解测试驱动的工作流程并理解本书中的代码是如何构建的，这一点非常重要。

1.2.5 测试驱动开发

测试驱动开发（TDD）是一种在编写源代码之前先编写测试代码的工作流程，即在组件中编写代码之前，你需要先编写能够确保组件正常运行的测试代码。

“红、绿、重构”是一种很流行的 TDD 方法。红代表编写一个不能通过的测试，绿代表让测试通过，在测试通过后，通过重构增强代码可读性。

以这样的方式开发应用程序会有如下好处。首先，你只编写测试功能的源代码，从而保持较少的源代码量；其次，它可以使你在编写代码之前先考虑组件设计。

注释 我承认 TDD 并不适合所有人，也并不想强迫你一定使用它。你无须膜拜 TDD 同样也可以从本书中受益。本书使用 TDD 的主要原因是该方法将测试代码优先于源代码，这符合本书的主旨，测试代码比源代码更重要。

我们可以通过不同的方式实现 TDD。本书遵循一套聚焦前端的 TDD。

一些 TDD 拥护者会在编写源代码之前编写好所有的测试代码。我没有那么严苛地遵守 TDD，只是在编写源代码之前编写好单元测试代码，但我会在源代码编写之后添加端到端测试和快照测试。通常我编写一个 Vue 组件的顺序如下：

1）确定需要编写的组件。

2）为每个组件编写单元测试和源代码。

3）调整组件的样式。

4）为已完成的组件添加快照测试。

5）在浏览器中手动测试代码。

6）编写端到端测试。

我在实际工作中，有时不会为组件编写单元测试，有时会在编写测试之前编写组件代码。TDD 的拥护者对此可能会感到惊恐万分，但我发现严苛的 TDD 方法可能会减缓开发速度。

俗话说生活就像一场旅程，不必在乎目的地。虽然对生活来说这可能是正确的，但对开发应用程序来说却恰恰相反，只要是编写可节省时间的、有价值的测试就可以，如何编写无关紧要。

到目前为止，我说完自动化测试的好处了，但是在你兴奋地要创建一个自动化测试俱乐部之前，有一个免责声明，那就是自动化测试并不总是必要的。

1.2.6 了解何时不进行自动化测试

当我开始编写自动化测试时，曾想要测试所有的东西。因为我亲身经历了未经测试的应用程序带来的痛苦。我不想再体验同样的经历，但很快我又学到了另一课——测试会减缓开发速度。

在编写测试时，请务必牢记编写测试的目的。通常，测试的目的是为了节省时间。如果你正在进行的项目是稳定的并且会长期开发，那么测试是可以带来收益的。

但是如果测试编写与维护的时间长于它们可以节省的时间，那么你根本不应该编写测试。当然，在编写代码之前你很难知道通过测试可以节省多少时间，你会随着时间的推移去了解。但是，假设你正在一个短期项目中创建原型，或者是在一个创业公司迭代一个想法，那你可能不会从编写测试中获得受益。

即使项目受益于测试，可能也不需要那么多测试。让我来告诉你关于 100% 代码覆盖率的谬误吧。

1.2.7 100% 代码覆盖率的谬误

代码覆盖率是度量自动化测试运行代码库中代码行数的一个指标。通常，代码覆盖率以百分比来度量：100% 代码覆盖率意味着在执行测试期间每行代码都会被运行，0% 代码覆盖率意味着未执行任何代码行。这是一个有趣的度量标准，但它可能会导致一些可怕的后果。

测试会削弱回报。就像去健身房健身，当你第一次去健身房，你会迅速锻炼出肌肉。在几个月的时间里，每周只要健身三小时，就可以让你的身材看起来更健美。但是你获得的成效越大，随之所需要消耗的时间就越多。即在健身房锻炼的时间越长，每增加一小时所获得的成效就越少。

同样的原则也适用于测试。你可以在几个小时内完成可以覆盖应用程序核心功能的简单测试。在编写完这些测试之后，增加代码覆盖率就变得越来越困难了。如果你的目标是 100% 的代码覆盖率，那将会像拧干毛巾中的最后一滴水一样辛苦。

大多数情况下，将 100% 代码覆盖率作为目标并没有意义。当然，如果你正在开发一个极其重要的支付应用程序，存在的 bug 可能会导致数百万美元的损失，那么 100% 代码覆盖率对你是有用的，但根据我的经验，大多数应用程序并不会从 100% 代码覆盖率中受益。

在过去的几年里，我工作过的项目有 0% 代码覆盖率的，有 100% 代码覆盖率的，也有覆盖率介于两者之间的。0% 代码覆盖率会使开发变得很艰难，但是，100% 的代码覆盖率会使开发变得很慢，那种感觉比小毛虫爬沙丘还要痛苦。

实现传说中的 100% 代码覆盖率不仅耗时，而且即使代码覆盖率达到 100%，测试也并非总能发现 bug。有时你可能还会做出错误的假设，当你测试调用一个 API 代码时，假定的是该 API 永远不会返回错误，然而当 API 确实在生产环境中返回错误时，你的应用程序就崩溃了。

你不会因执着于为每一个应用程序实现 100% 代码覆盖率而成为测试大师。就像一个好的拳击手知道何时远离格斗一样，真正的测试大师知道如何选择何时编写测试，何时不编写测试。

在第 2 章中，我们将开始为 Hacker News 应用程序编写第一个单元测试。在此之前，我会对 Hacker News 应用程序做一个简单概述。

1.3 编写 Hacker News 应用程序

我第一次学习前端应用程序测试时，是从教程中学会如何为小应用程序编写测试的。这些教程对学习技术很有用，但是它们没有解答任何有关测试大型实际应用程序环境时所遇到的问题，我只能自寻答案。在本书中，我将教你如何从头至尾测试一个应用程序，你将要为与现实应用完全一样的 Hacker News 克隆编写测试。

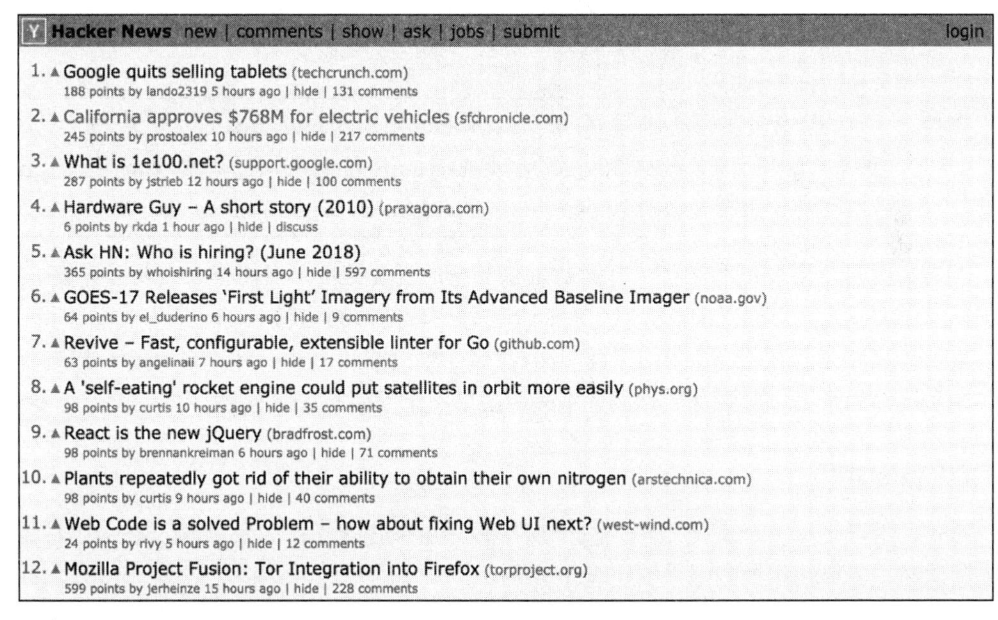

图 1.3　Hacker News 网站

Hacker News 是一个社交新闻网站。它为一些项目（如新闻、博文和工作列表等）提供动态信息流（图 1.3）。用户可以对某个项目投支持票以提高其得分，也可以对某个项目投反对票以降低其得分。如果你使用过 Reddit，会对这个概念比较熟悉。

注释　了解 Hacker News 的最好方法是亲自访问一下该网站——https://news.ycombinator.com。

本书中，不需要你实现一个投票系统，那种复杂程度远超出了 Vue 应用程序测试的范围。你要做的是使用 Hacker News API 中的真实数据实现项目显示、评论及用户设置功能。

Hacker News 克隆会将 Vue 用于视图部分，Vuex 用于 state 管理，Vue Router 用于客户端路由。如果你之前没有使用过 Vuex 或 Vue Router，请不要担心，我将在本书后面详细介绍它们。

Hacker News 克隆是一个非常适合传授如何测试 Vue 的应用程序。它足够复杂，可以从中学习先进的测试技术，但又足够简单，避免陷入设计细节。

现在你已经知道自己要做什么了，是时候说一说 Vue 了。对于一本关于测试 Vue 的书，好像已经很久没有提及它了！

1.4 Vue 测试概览

本书是关于 Vue 应用程序测试，而不是 Vue 应用程序开发的。我不会教你如何从头开始使用 Vue。如果你是一个没有丝毫 Vue 经验的初学者，又希望从本书中获得最大的收获，你应该先花些时间学习 Vue 的基础知识。

注释 要从头学习 Vue，我推荐 Erik Hanchett 与 Benjamin Listwon 合著的 *Vue.js in Action*（Manning，2018，www.manning.com/books/vue-js-in-action），或者 Vue 文档，它是我读过的最好的文档，阅读链接为 https://vuejs.org/v2/guide。

本书会简要介绍 Vue 的功能，并为你提供相应的资源链接，以便你在需要时详细了解。本书还会用两章专门介绍 Vuex 和 Vue Router 这两个较复杂的主题。

虽然本书中不会提及 Vue 101 内容，但在第 2 章之前我会讲一些基本概念，以确保你与我使用同样的术语。要添加到你的词汇表中的第一个术语是 Vue 实例。

1.4.1 Vue 实例

Vue 应用程序由 Vue 实例组成，每个应用程序至少包含一个 Vue 实例。在为组件编写单元测试时，需要使用被测组件创建 Vue 实例。

例 1.3 是一个简单的 Vue 应用程序示例。要启动应用程序，需要通过选项对象创建一个新 Vue 实例。Vue 使用 el 选项查找 DOM 节点，并渲染模板字符串生成的节点。

注释 书中假设你熟悉 DOM，如果你不熟悉，可以在 MDN（http://mng.bz/k5iQ）上阅读相关介绍。

例 1.3 创建一个 Vue 实例

```
new Vue({
  el: '#app',                                  ← 用于查找渲染使用的 DOM 元素的选择器
  template: '<div>{{message}}</div>',          ← 用于生成 DOM 节点的模板字符串
  data() {
    return {
```

```
      message: 'Hello Vue.js!'      <-- 模板字符串中使用的数据
    }
  }
})
```

创建一个 Vue 实例生成 DOM 节点的过程称为挂载实例。如果我之前已经完成了一个 Vue 应用程序的编写，就会有一个可以启动应用程序运行的已挂载的 Vue 实例。

注释　如果对 Vue 实例的内容仍然感到困惑，可以在 Vue 文档中阅读相关内容（https://vuejs.org/v2/guide/instance.html）。

例 1.3 中的示例是使用一个模板字符串来描述 Vue 生成的 DOM 节点。我们可以使用多种不同的方法来描述 Vue 应渲染的 DOM 节点，现在就让我们来了解一下这些方法。

1.4.2　模板和渲染函数

Vue 为我们提供了以声明方式渲染 DOM 的方法。换句话说，我们要对 Vue 应渲染的 DOM 节点进行描述。

描述 DOM 节点的主要方法有两种：模板和渲染函数。模板会使用 HTML 语法来描述 DOM 节点，如例 1.4 中的代码所示。

例 1.4　一个模板字符串

```
new Vue({
  // ..
  template: '<div>{{message}}</div>',    <-- 渲染消息属性的模板字符串
  // ..
})
```

为了使用 Vue 从模板生成 DOM 节点，需要将模板转换为渲染函数，这个过程称为编译模板。如例 1.5 所示，你可以在 Vue 选项中直接使用渲染函数，从而取代模板字符串的使用。

例 1.5　使用渲染函数

```
new Vue({
  // ..
  render(createElement) {
    return createElement('div', this.message)
  },
  // ..
})
```

Vue 运行渲染函数生成一个虚拟 DOM，即一个以 JavaScript 描述实现的 DOM，见例 1.6。它将虚拟 DOM 与真实 DOM 进行比较，并更新真实 DOM 以映射虚拟 DOM。

例 1.6 简单的虚拟 DOM

```
{
  tag: 'div',
  children: [
    {
      text: 'Hello Vue.js'
    }
  ]
}
```

注释 如果想了解更多有关渲染函数或虚拟 DOM 的内容，可以阅读 Vue 文档 http://mng.bz/dP7N 和 http://mng.bz/VqwP。

渲染函数比模板更难阅读。大多情况下，我们应该使用模板编写组件，但这样做的同时，我们需要明白 Vue 需要将模板编译成渲染函数。

模板使代码更易于阅读，但大型模板仍难以理解。Vue 有一个组件系统，可以将模板拆分为独立单元，从而使代码变得更易于阅读和维护。本书的很多内容都是关于 Vue 组件的单元测试，因此需要很好地了解 Vue 组件是什么。

1.4.3 了解 Vue 组件系统

组件是可以在 Vue 模板中使用的独立模块，它们抽象出逻辑并使模板更易于阅读。如果你使用过 React 或 Angular 前端框架，那么会比较熟悉组件概念。如果没有使用过，可以将组件视为应用程序的构建块。对于大型 Vue 应用程序，从上至下都是由组件构成的。

解释组件最简单的方法就是使用代码示例。例 1.7 是一个 <custom-title> 组件代码示例。注意 Vue 组件注册之后，就可以像 HTML 标签一样在代码中被使用。

例 1.7 在 Vue 中注册全局组件

```
// JavaScript
Vue.component('hello-vue', {                      <-- 定义 hello-vue 组件
  template: '<div>Hello Vue.js!</div>'
})

// HTML
  <div>
   <hello-vue />                                  <-- 模板中使用 hello-vue
  </div>
```

定义组件可以有多种不同的方式，但是在本书中，我将使用单文件组件（SFC）方式定义。

注释 本书中提及的所有技术均同样适用于任何被正确定义的 Vue 组件。

Vue 单文件组件的文件可以通过 .vue 扩展名来识别。单文件组件可以包含一个 <template> 代码块（类似于一个模板字符串），一个 <script> 代码块，多个 <style> 代码块和自定义代码块（见例 1.8）。

注释　本书中不会使用到任何自定义代码块，但你可以在 vue-loader 文档中阅读到相关内容 http://mng.bz/xJBW。

<script> 代码块中导出的对象称为组件选项对象，它接受 Vue 根实例的大多数选项。

例 1.8　一个单文件组件（SFC）

```
<template>                              <template> 代码块
  <div>{{message}}</div>
</template>

<script>                                <script> 代码块
  export default {                      组件选项对象
    data: {
      message: 'Hello Vue.js!'
    }
  }
</script>

<style>                                 <style> 代码块
  div {
    color: red;
  }
</style>
```

单文件组件不是有效的 JavaScript 或 HTML 代码。你无法在浏览器中运行它们，因此在将单文件组件发送到客户端之前需要先编译它们。

编译后的单文件组件将成为 JavaScript 对象，并将模板转换为渲染函数，见例 1.9。

例 1.9　一个编译后的单文件组件

```
Module.exports = default {
 render() {                              被生成渲染的函数
    var _vm = this;
    var _h = _vm.$createElement;
    var _c = _vm._self._c || _h;
    return _c('p', [_vm._v("I'm a template")])
  },
  name: 'example-template'
}
```

希望你没有被代码吓到，编译后的单文件组件没有可读性。你不需要关心编译后的渲染函数，那是 Vue 框架的工作。这里的重点是一个单文件组件被编译成一个具有渲染函数的对象。这会让你很好地了解应该测试一个组件的哪个部分。

1.4.4 单元测试组件

确定编写哪些单元测试非常重要。如果为组件的每个属性都编写测试，将会创建出一个低效的、减缓开发速度的测试套件。

能够帮助我们决定如何测试组件的一种方法是使用组件契约的概念。一个组件契约就是一个组件与应用程序其余部分之间的协议。

当你开始一份新工作时，你要和你的雇主签订一份合同。你同意每周工作 40 小时来换取薪酬。因为你已经在合同中同意工作 40 小时，所以只要你的雇主支付工资，他们就可以放心地让你每周为他们工作 40 小时。

同样，当你编写应用程序其余部分所使用的组件时，你就是在为该组件的行为定义一个契约。其他组件可以假设，如果提供了正确的输入，该组件将履行其契约协议并产生约定的输出。

在组件契约中输入和输出非常重要。一个好的组件单元测试应该始终可以触发一个输入，并断言组件产生正确的输出（图 1.4）。你应该从开发人员使用组件但又不了解组件具体实现的角度来编写测试。

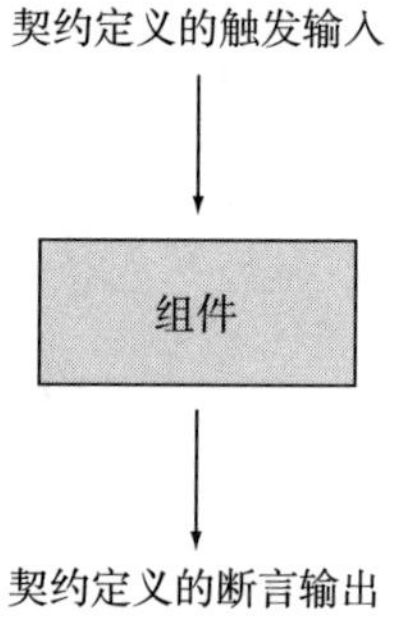

契约定义的触发输入

组件

契约定义的断言输出

图 1.4　在组件单元测试中触发输入并断言输出

组件常见的输入是用户操作，比如用户单击按钮。最常见的输出是渲染函数生成的 DOM 节点，但是 Vue 组件还有许多其他输入和输出。例如，输入可以是：

- 组件中的 props
- 用户操作（如点击按钮）
- Vue 事件
- Vuex store 中的数据

Vue 组件的输出可以是：

- 发射出的事件
- 外部函数调用

注释　如果你不知道 Vuex store 中发射（emit）的事件或数据是什么，不要担心。你会在本书的后面学习到相关内容。

假设你有一个 AuthorizedStatus 组件，它接受一个 authorized prop。如果 authorized prop 为 true，它将在 <div> 元素中渲染“你已被授权”。如果 authorized prop 为 false，则渲染“你未被授权”。

定义　一个 prop 是传递给组件的一段数据。prop 是将数据从父组件传递到子组件的一种方法。你可以在 Vue 文档中阅读到更多关于 prop 的内容 http://mng.bz/A2Dz。

你可以在例 1.10 中看到 AuthorizedMessage 组件。

例 1.10　AuthorizedMessage.vue

```
<template>
  <div>
    {{authorized ? 'you're authorized' : 'you're not authorized'}}   <── 有条件的渲染文本
  <div>
</template>

<script>
  export default {
    name: 'loader',
    props: ['authorized']        <── 一个 prop 声明
  }
</script>
```

当你在应用程序中使用此组件时，如果输入的 authorized prop 为 true，则输出应为“你已被授权”。如果输入的 authorized prop 为 false，或者没有输入，则输出为“你未被授权”。这就是该组件的契约，也是应该编写单元测试的功能点。在本书中我将使用组件契约的概念告诉你应该为组件编写哪些测试。

现在你已经对测试有一个宏观认识，并且正踏在成为一名测试大师的道路上。在第 2 章中，你将创建一个测试脚本并开始编写你的第一个单元测试！

总结

- 测试类型有两种：自动化测试和手动测试。
- 遵循前端测试金字塔原则，前端测试套件要由单元测试、快照测试和端到端测试组成。
- 测试并不总是有好处的。如果测试不能节省时间，编写测试就变得没有意义。
- Vue 应用程序由 Vue 实例组成，这些实例使用模板字符串或渲染函数来描述 DOM。
- 单文件组件需要被编译成具有渲染函数的对象。
- 你可以使用组件契约概念为 Vue 组件定义单元测试编写内容。

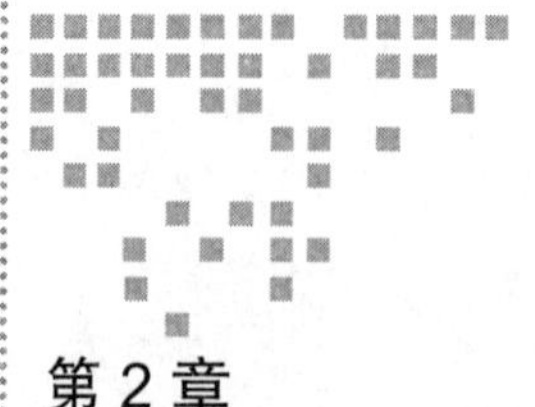

Chapter 2 第 2 章

创建你的第一个测试

本章内容

- 编写 npm 脚本
- 使用 ESLint 捕获格式错误
- 使用 Jest 编写单元测试
- 使用 Vue Test Utils 为 Vue 组件编写单元测试
- 使用 Chrome 调试工具调试 Jest 测试

千里之行始于足下，每个伟大的测试套件都要从一个简单的测试开始。本章是关于如何编写第一个测试的。在本章结束时，你将拥有一个测试脚本，可以用于检查项目是否存在格式错误，并针对一个 Vue 组件运行单元测试。

要完成本章内容，你需要先安装正确的程序并设置好环境。你可以在附录 A 中找到安装和设置说明。参照说明安装项目并切换到 chapter-2 分支，然后返回本章。

本章第一部分是关于项目结构的。你将学习如何使用 npm 管理依赖与运行脚本，然后设置 Jest 来运行一个简单的单元测试。

完成 Jest 设置后，你将开始为 Vue 组件编写第一个单元测试。为此，你需要学习如何使用 Jest 编译组件，以及如何使用官方 Vue 测试库——Vue Test Utils。

本章最后一部分是关于调试的。具体来说，书中将告诉你如何使用 Node Debugger 和 Chrome Developer 工具调试在 Jest 中运行的测试代码。到本章结束时，你将快速完成测试设置并为第 3 章的 Vue 组件输出测试做好准备。

首先来探究一下 Vue 项目结构。

2.1 了解 Vue 项目结构

共同规则使我们的生活更轻松。例如，当你使用一个不熟悉的工具时，你可以非常确定绿色按钮代表启动，红色按钮代表关闭。

同样，对于项目中新进的开发人员，目录结构规则会让他们更轻松地浏览代码库。本节中，你将了解你编写的 Hacker News 应用程序所遵循的一个常规的 Vue 项目结构。

Vue 项目使用构建工具来编译代码。这些构建工具塑造了 Vue 项目的结构规则，因此了解 Vue 项目的构建工具非常重要。

2.1.1 了解构建工具

作为开发人员，你已经具备了开发自动化的能力。你可以让路由器自动引导流量，你可以让汽车自动停放在车库中，而且最令人兴奋的是，你可以让工具自动编译 JavaScript。

本书中，你将使用 Vue 单文件组件和现代 JavaScript 特性（如 ES 模块）编写代码。较旧的浏览器不支持 ES 模块，而且单文件组件也不能应用于浏览器中，因此你需要编译源代码并将其打包到在浏览器中运行的 JavaScript 中。实现这些操作的程序称为构建工具。

最流行的 JavaScript 构建工具是 webpack。webpack 是一个模块打包器。其主要目的是将模块化的 JavaScript 文件打包到一个文件中供浏览器使用。webpack 也可以转换、绑定或打包其他资产，如 Vue 单文件组件。

注释 如果你有兴趣了解更多关于 webpack 的内容，请阅读 webpack 文档（https://webpack.js.org）。

Hacker News 项目使用 webpack 在底层打包代码。像很多受欢迎的项目一样，webpack 也受到了很多批判。常见的抱怨就是 webpack 配置很麻烦。为避免这一痛点，本书附带了 Vue CLI 预配置 webpack。

2.1.2 使用 Vue CLI 生成项目

房间照明很有用，但是如果你自己布线，可能会触电。同样，构建工具对现代项目至关重要，但需要对其进行配置。你可以聘请专业人员帮助你完成配置工作，这样你就可以专注于编写应用程序代码。

Hacker News 项目是使用 Vue 命令行界面（CLI）构建的。Vue CLI 通过已配置的构建工具生成一个样板项目，因此你无须自己配置它们。

注释 如果你要使用 Vue CLI 生成自己未来的项目，可以从 GitHub 页面签出 Vue CLI（https://github.com/vuejs/vue-cli）。Vue CLI 还包含一个单元测试插件，你可以使用它为项目添加测试设置，但在本章中，你要学习如何在不使用插件的情况下设置单元测试。

Vue CLI 使用 Vue CLI 服务包来运行一些常见任务，例如绑定一个文件和启动一台服务器。Vue CLI 服务默认一些文件是放置在标准位置的，因此无须任何配置它就可以正确编译代码。我们现在来看看这个结构。

2.1.3 了解目录结构

由于 Vue CLI 需要依赖于目录结构来正确配置构建工具，因此遵循 Vue CLI 文件结构已成为 Vue 项目约定俗成的规范。Hacker News 应用程序是使用 Vue CLI 构建的，因此需要遵循此结构。现在就来说说一些重要的目录和文件，我会依据图 2.1 中的目录结构逐一解释。

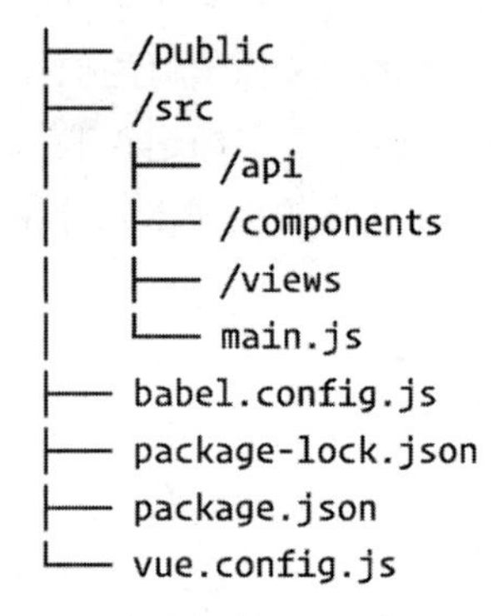

图 2.1 一个常规的 Vue 项目目录结构

src 目录包含主应用程序代码，src 代表源代码。在构建过程中，webpack 会将目录中的所有内容打包在一起，本章的后面你会看到目录打包后的样子。src 目录是编写大部分应用程序代码的地方。

src 目录中有一个 main.js 文件，webpack 将此文件作为打包入口。webpack 使用递归方式在 main.js 导入的文件中查找它应该处理的文件，然后将它们最终打包在一起。

src 目录中 components 和 views 目录都是存放 Vue 组件的。

注释 进入第 10 章后，视图和组件之间的区别会变得更清晰，但现在你只需将视图视为顶层组件即可。

---

src/api 目录包含与 Hacker News API 交互的函数。你将使用这些预先编写的函数来获取 Hacker News 数据，本书中不需要你编写任何 API 代码。

public 目录包含公共资源，如图标（浏览器 tab 选项卡上显示的图标）。此目录用于放置应用程序需要而 webpack 不需要处理的图片、图标、视频或其他资产。

public 目录还包括 index.html 文件。此文件是一个 HTML 模板，webpack 用它来生成 index.html 文件以实现分发。你会在本章后面看到具体内容。

现在你对目录结构已经有了一些了解，是时候了解一下 npm 以及如何在这个项目中使用 npm 了。

2.1.4 了解 npm

npm（Node package manager）是 Node 包管理器，一个管理 Node 依赖安装的程序，被称为 Node 模块。你的项目将使用很多 Node 模块来运行测试并构建代码，因此深入了解 npm 如何工作非常重要。

定义　Node 模块是一个目录，包含一个 package.json 和至少一个 JavaScript 文件。你可以使用 Node 模块执行任务，例如启动服务器、优化图像或挖掘加密货币。

了解 npm 的最佳方法是使用它。打开终端，在命令行中输入以下命令启动一台开发服务器：

```
npm run serve
```

注释　如果你不确定如何在命令行中运行命令，请阅读附录 A。

定义　开发服务器即在本地运行开发版本应用程序的服务器。

在输出中，你会看到以下错误：

```
vue-cli-service: command not found
```

此错误是因为你尚未安装项目依赖包。这个项目是空的，就像一个没有家具的房子。打开 package.json 文件并搜索 vue-cli-service，你将看到 devDependencies 字段。devDependencies 是定义开发依赖包的，这些依赖包不会包含在生产代码中。

在启动开发服务器之前，你需要先安装 Node 模块依赖包。打开命令行，运行以下命令：

```
npm install
```

此命令指示 npm 将 package.json 中列出的所有 Node 模块依赖下载到项目中。npm 是从类似于 npm 包数据库一样的 npm 注册表下载模块。见图 2.2。

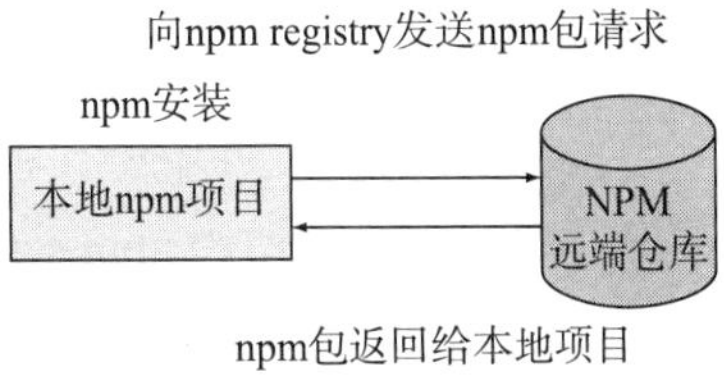

向npm registry发送npm包请求
npm安装
本地npm项目
NPM
远端仓库
npm包返回给本地项目

图 2.2　从 npm 远端仓库下载包

安装可能需要一些时间。你可以利用下载这段时间泡一杯乌龙茶。

npm install 命令完成后，你的项目中会出现一个新目录：node_modules。node_modules 目录包含项目中使用的所有 node 模块。打开并浏览一下这个目录结构，目录中包含有数百个子目录。真是压倒性的数量！但不要担心，node_modules 目录是由 npm 管理的，很少需要你查看或编辑内部文件。

现在你已完成了依赖包安装，在终端使用以下命令再次启动开发服务器：

```
npm run serve
```

这次源代码将被编译，并且你会收到开发服务器启动通知，其中包含运行中的服务器的 URL。用浏览器打开 URL，你就看到开发服务器了。

现在，webpack 将监控文件的变更并执行热模块替换以更新应用程序，无须刷新页面。

在浏览器中打开 Chrome 检查器并切换到控制台窗口。

注释 如果你不确定如何操作，可以在附录 A 中找到打开 Chrome 控制台的说明。

在控制台中，输入以下代码并按 <Enter> 键：

```
items
```

控制台将记录一个很大的项目数组。这些数据将在下一章中用于渲染一个新闻项目的动态信息流。注意，数据在浏览器中是全局可用的。现在返回终端并按 <Ctrl+C> 取消脚本。

npm 的主要用途是使用 package.json 文件协调依赖关系。让我们详细看一下。

2.1.5 了解 package.json 文件

package.json 文件是 npm 配置文件。它包括项目依赖关系的详细信息，以及将一个包发布到 npm 存储库所需的信息。在这个项目中，你将使用它来跟踪依赖关系并定义 npm scripts。

在文本编辑器中，打开 package.json 文件并滚动到 dependencies 字段。dependencies 中定义了应用程序在生产环境所使用的包。目前为止，Vue 和 Firebase 是该项目中的唯一依赖关系。

注释 Firebase 是用于访问 Hacker News API 的。你不会在此项目中直接使用 Firebase，它受 api 目录下的代码管理。

package.json 文件中要查看的另一个字段是 scripts。该字段是定义项目特定脚本的。在这个项目中，你将使用 npm scripts 来运行测试。

滚动到 package.json 文件中的 scripts 字段，你会看到一些脚本定义。让我们来看看之前运行过的 serve 脚本。如你所见，该脚本使用一个 serve 参数运行 vue-cli-service 命令：

```
"serve": "npm run build && node scripts/serve"
```

该项目是使用 Vue CLI 服务来编译代码并运行其他构建工作的。你可以通过更新 Vue CLI 服务包来获得最新功能。

大多数 node 项目是使用 npm scripts 运行开发任务的。最常见的一个任务就是代码校验（linting）。让我们看一下校验是什么，并为项目增加相应的脚本。

2.1.6 使用 ESLint 校验文件

校验是检查代码中潜在错误和格式问题的过程。校验就像让一个迂腐的同事逐行阅读你的代码，并就不符合项目样式要求的代码向你提出警告。

在你的项目中，使用 Vue CLI 服务的 lint 命令来运行校验。Vue CLI 服务会在后台使用名为 ESLint 的库。

ESLint 是一个可配置的校验库。你可以指定查找规则以及检查的文件。Hacker News 应用程序中，package.json 有一个 eslintConfig 字段是用于配置 ESLint 规则的，查看该字段，你会看到一个 extends 属性值设置为 plugin:vue/essential 和 @vue/standard。这些是项目所遵循的 ESLint 规则集。你可以在 GitHub 上阅读到完整的 Vue 规则：https://github.com/vuejs/eslint-plugin-vue。

现在让我们运行 ESLint 来检查项目文件格式是否正确。在 package.json 的 script 字段中已经定义了一个 lint 脚本，如下所示：

```
"lint": "vue-cli-service lint",
```

在命令提示符下，运行命令 npm run lint。你将收到一个错误，提示你 api 已被定义但从未在 src/components/ItemList.vue 中使用过。在 ItemList.vue 中删除 import 语句修复此错误，再重新运行 lint 脚本：

```
npm run lint
```

校验是一种很有效的规范代码样式的方法。你应该将校验作为测试过程的一部分，以确保代码与项目样式要求相匹配。现在是时候编写你自己的脚本了。

2.1.7 编写测试脚本

测试脚本是一个功能非常强大的脚本。在本书的最后，它会运行你项目中的所有测试，如果有任何测试失败，它将抛出一个错误。测试通过的脚本是一个生产许可的印章，它会在项目上印一个大大的绿色复选标记，表示该应用程序已准备好投入生产。反之，失败的测试则表明你的代码中存在问题。

目前，你的测试脚本中还没有任何可执行的单元测试、快照测试或端到端测试，但你已经有一个校验脚本了。

在测试过程中校验经常被忽视，因为多数人很难将抓住一个尾随逗号和阻止一个 bug 进入生产这两件事情视为同等重要。但是校验仍然是测试过程中一个重要的组成部分。

在 package.json 的 scripts 字段中，添加下行内容：

```
"test": "npm run lint"
```

npm 为测试脚本定义了别名，你可以使用以下命令运行测试脚本：

```
npm t
```

在本书的最后，这个测试脚本将对你的应用程序源代码运行数百个测试。你可以将测试脚本别名与 npm 安装别名 npm i 一起使用，这样你的安装和测试脚本命令会变得超级简洁，如下所示：

```
npm it
```

在你卷起袖子开始编写单元测试之前，让我们再看一个脚本——build 脚本。

2.1.8 构建项目

Web 应用程序的目的是通过互联网向用户提供服务。目前，你的项目只是源代码，无法向用户发送任何内容。要生成生产代码，你需要将源代码编译为 JavaScript 包。

正如你在上节内容中看到的，脚本包中有一个 build（构建）脚本。运行该脚本如下所示：

```
npm run build
```

当 webpack 处理文件时，该脚本需要几秒钟才能完成。构建完成后，你会在终端看到“Build complete”输出字样。回顾一下这个项目目录，你会发现一个闪亮的新目录已经出现了。这是分发目录，包含已完成的应用程序文件。

注释 Git 会忽略 dist 目录。这是个常见的惯例：Git 存储库中源代码的文件越少，Git 存储库将越小。

---

dist 目录中有一个 index.html 文件和一个放置 JavaScript 文件的公共目录。稍后，当你将 CSS 添加到项目后，构建脚本会在 dist 目录中生成 CSS 文件。这些是在浏览器中为应用程序提供服务所需的文件。你可以在附录 B 中学习如何提供这些文件。

到目前为止，你对项目应该已经有了很好的理解，并知道如何使用 npm scripts 运行测试。下一个任务就是为项目添加单元测试。

2.2 Jest 简介

框架可以使软件编写变得更容易。你将使用 Jest 框架，让你的单元测试编写变得更容易。

你在本书中可以了解到，Jest 包含许多改善单元测试的特性，但最重要的特性还是运行单元测试并报告测试是否通过。

注释 尽管本书使用 Jest 作为测试运行器，但大多数的测试技术是可以在不同的测试运行器中使用的。它们的基本概念是相同的，语法与任何规范运行器都相似，如 Mocha 或 Jasmine。

搭建测试系统的第一步是编写一个简单的测试来检查系统是否设置正确。这被称为可用性（sanity）测试。

2.2.1 编写可用性测试

你是否有过这样的经历，花了几个小时调试网站最后发现一直只是在调试缓存中的版本？我经历过，非常令人崩溃。现在，每当我在旧浏览器中测试代码时，都会在代码中添加一个控制台日志，以确保自己运行最新的版本。控制台日志就是一个小的可用性测试，可以避免我们出现在未变更的代码上花费数小时进行调试的情况。

我的控制台日志多次使我免于在 IE 上测试缓存内容。你应该在编写单元测试时添加类似的可用性检查。一个失败的测试会带领你进入疯狂的调试中，并且最恼人的是最终发现失败原因是测试设置导致而非源代码。

可用性测试是需要始终通过的。如果可用性测试未通过，表示测试设置存在问题。

首先，你需要安装 Jest。在命令行运行以下命令，安装 Jest 并将其作为一个开发依赖保存在 package.json 中：

```
npm install --save-dev jest
```

如果打开 package.json 文件，你会看到 Jest 已被 npm 自动添加到 devDependencies 对象中。

你将使用一个 npm 脚本在 Jest 中运行单元测试。不同测试类型使用各自独立的测试脚本是很有必要的，这样你可以根据需要，单独运行一种测试类型。

在文本编辑器中打开 package.json，并将如下行内容添加到 scripts 对象中：

```
"test:unit": "jest"
```

注释　如果你使用的是 Windows 系统，则应在 jest 命令中添加 no-cache 标志以避免潜在的错误。完整的脚本看起来应该是这样的 "test: unit":"jest --no-cache"。

现在，可以将单元测试脚本添加到测试脚本中了。测试要有快速反馈。像初创公司一样，如果测试会失败，就要快速失败。如果等待 30 秒后，单元测试却因 lint 脚本中的一个尾随逗号而失败，这将是一件非常令人恼火的事情。为避免这种情况发生，你应该在测试脚本中按由快到慢的顺序对脚本进行排序。

如下所示更新测试脚本，并在校验之后运行单元测试：

```
"test": "npm run lint && npm run test:unit",
```

现在将如下命令输入命令行中，开始运行单元测试脚本：

```
npm run test:unit
```

你会看到一个 Jest 错误。找不到任何匹配文件！查看错误输出，你会看到下行内容：

```
testMatch: **/__tests__/**/*.js?(x),**/?(*.)(spec|test).js?(x)
```

Jest 在查找项目中测试文件时使用默认的 glob 匹配模式。对于 non-glob 模式而言，这意味着 Jest 匹配 __tests__ 目录中的 .js 和 .jsx 文件，以及扩展名为 .spec.js 或 .test.js 的所有文件。

定义 globs是文件匹配模式。Jest使用Node glob模块匹配文件。你可以在如下链接页面的glob primer部分中阅读到更多关于globs的内容，www.npmjs.com/package/glob#glob-primer。

使用.spec.js文件扩展名编写测试，这样Item.vue的测试文件将被命名为Item.spec.js。

注释 这里spec代表规格说明，因为单元测试是规范代码行为的。当被测函数被调用时，每个测试都会对其指定一个预期结果。

在与你的被测组件相同的目录下创建一个名为__tests__的目录，并在__tests__目录中创建一个名为Item.spec.js的文件。文件路径应为src/components/__tests__/Item.spec.js。

提示 将单元测试放置在尽可能接近被测代码的位置，这样测试文件会更容易被其他开发人员找到。

在Jest中使用test函数定义单元测试。test函数有两个参数：第一个参数是一个字符串，用于标识测试报告中的测试。当你运行Jest时，就会明白我指的测试报告的含义。

第二个参数是包含测试代码的函数。Jest解析测试文件中的每个测试函数，并运行测试代码，最终返回测试结果报告。

如果测试函数抛出错误，则测试失败。你可以想象成Jest在一个大的try/catch语句中运行测试。如果catch语句被运行，则Jest将报告测试为失败。

在src/components/__tests__/Item.spec.js中，添加例2.1中的代码定义可用性测试。

例2.1 可用性测试

```
test('sanity test', () => {
  return
})
```

运行单元测试命令npm run test:unit。可用性测试通过，表示测试系统配置正确。

现在你可以运行测试脚本了，执行npm run test:unit命令。如果测试脚本抛出错误，表示问题出在测试文件上而不是测试配置上。

抱歉，让我们退一步想想Jest都做了些什么。首先，Jest运行test:unit脚本。Jest使用默认的glob pattern匹配Item.spec.js，找到test函数，然后运行第二个测试参数，没有抛出错误。Jest保存结果并返回测试通过的报告。

注释 Jest可以显式运行，也可以在监控模式下运行。监控模式可以监控文件变更并重新运行更新后的文件。你可以通过--watch标志位调用Jest来启动监视模式。例如，在监控模式下运行单元测试脚本，要执行npm run test:unit -- --watch。第一个双破折号将watch参数添加到npm脚本中。注意，如果你的测试脚本中有--no-cache标志位，则watch会重新运行所有测试。

现在运行以下命令启动 lint 脚本，确保项目代码格式正确：

```
npm run lint
```

哦不，有错误！ lint 错误提示 test 未定义。这个问题是 linter 不知道你要在 Jest 中运行测试文件，所以也不知道 test 函数要被全局定义。

要停止出现这样的校验错误，你需要更新 ESLint 配置。打开 package.json 文件，滚动到 eslintConfig 后，找到 env 对象。该对象会告诉 ESLint 运行代码的环境。添加一个 jest 属性并将属性值设为 true。你的 env 对象应该是这样的：

```
"env": {
  "node": true,
  "jest": true
},
```

注释　ESLint 可以支持多种环境，例如 jest 和浏览器。如果你好奇为什么 eslintConfig 文件没有配置浏览器环境，那是因为 eslint-vue 插件会将该配置添加到底层配置中。

重新运行 lint 脚本：npm run lint。现在，linter 知道测试是全局可用了，所以没有抛出任何错误。你可能还会遇到一些与格式无关的错误。修复错误后再继续下面的内容。

注释　如果你在修复 ESLint 错误时遇到问题，记得使用 Google 搜索。你会在 ESLint 主页找到详细的代码规范及解决办法。

现在，你已经有一个单元测试脚本，并且配置通过了可用性测试。你可以通过测试断言来改善你的可用性测试。

2.2.2　了解测试断言

想知道一些有趣的事情吗？世界上有 100 亿 Vue 活跃用户。这只是我做的一个大胆声明，你的怀疑是正确的，这完全是不真实的。

我刚刚做了一个错误的断言。通过推断你知道我所说的是错误的——地球上人口不到 100 亿，所以除非 Vue 用户不是人类，否则就不可能有 100 亿 Vue 用户。

测试断言与我的断言的工作方式是相同：它是一个评估真假的语句。你可以使用 Jest expect 函数在代码中将我的断言编写为测试断言，如下所示：

```
expect(vueUsers).toEqual(10000000000)
```

运行测试后，如果测试断言结果为 false，则测试将失败并返回错误信息。

expect 函数返回值是一个 Jest 匹配器对象。toBe 匹配器检查两个值是否相互相等（===）。你可以在你的可用性测试中添加一个始终可以通过的断言。

使用例 2.2 中的代码替换 src/components/__tests__/Item.spec.js 中的测试。

例 2.2　使用一个 Jest 匹配器

```
test('sanity test', () => {
  expect(true).toBe(true)        <-- 使用 toBe 匹配器断言
})                                   true 等于 true
```

如果断言失败，则会抛出错误。断言的错误信息是 Jest 格式化后的错误（见图 2.3）。我们称这些错误为断言错误。就像食品包装上的营养标签一样，断言错误可以提供很有价值的信息。

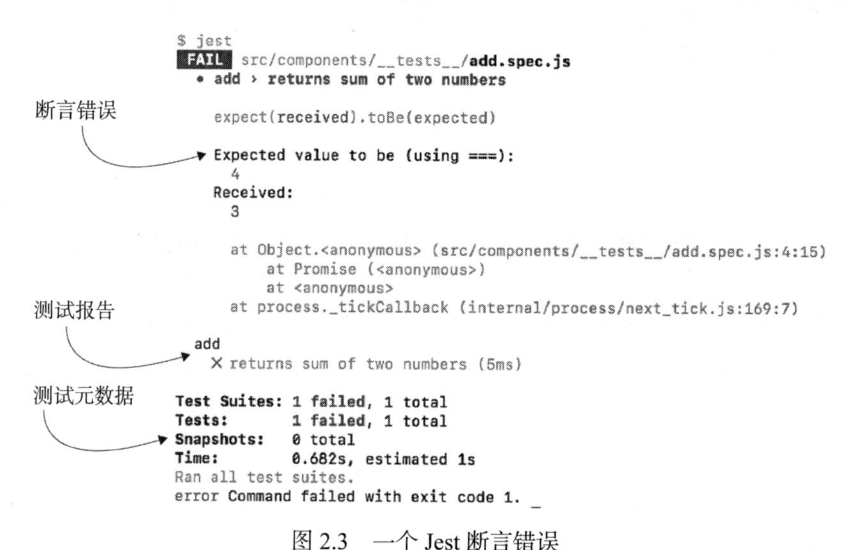

图 2.3　一个 Jest 断言错误

断言错误是你很好的朋友，可以为你提供有关测试失败的有用信息，重要的是它们对避免误报很有帮助。

2.2.3　避免误报

在医学中，误报是指检查结果表明你患有疾病，而实际却并非如此。医生通常都很谨慎以避免误报，否则会给错误诊断的家庭带来不必要的悲伤。

在测试中，你也需要避免误报。测试之所以通过，是因为源代码正常工作，而不是因为编写始终可以通过的测试。

常见的误报测试是使用异步代码。想象一下，你正在测试一个名为 runner 的对象，它应该在 100 ms 后将 finished 设置为 true。在测试代码中，你决定在运行断言之前等待 100 ms，如例 2.3 所示。

例 2.3　一个始终可以通过的测试

```
test('sets finished to true after 100ms', () => {
  runner.start()
  setTimeout(() => {
```

```
    expect(runner.finished).toBe(true)      断言 100ms 后 finished
  }, 100)                                   设置为 true
})
```

当你运行测试时，会因这样一个 TypeError 失败 Uncaught TypeError:runner.start is not a function。这很好，思考一下，你尚未添加 start 方法，因此测试会失败。添加相应代码使测试通过。再次运行单元测试，测试通过了。太好了，你觉得可以继续下一步了。但其实不知不觉中，你已经在测试套件中添加了误报。

问题在于测试在调用 setTimeout 回调之前就已经完成了执行，断言永远不会被运行。你可能会为这样常见的误报感到惊讶，但我见过数百个误报的测试套件。你要像一名严谨的医生一样，应该尽一切可能避免这些痛苦的误报。

我知道避免误报的最好方法是使用 TDD。在第 1 章中，我谈到了红、绿、重构工作流程。红色阶段是编写一个因正确原因而失败的测试。这里的关键词是“因正确原因”。

如果你编写的测试是由于 TypeError 失败，例如调用测试中不存在的函数，那么该测试是因错误的原因而失败。如果通过修复 TypeError，测试通过了。你无法确定测试通过是因为断言结果为 true，还是因为你编写的测试始终可以通过，就像你刚刚编写的示例一样。

测试应该在断言结果为 false 时失败。当测试带断言错误而失败时，你知道如果代码变更将条件变为 false，测试将再次失败。

在下一节为组件添加单元测试之前，我想再谈一下如何组织测试。

2.2.4 使用 describe 函数组织测试

在过去，人们将纸张存放在文件柜中。在文件柜抽屉中搜索一份重要的文件可能需要数小时。如果你是一个有条理的人，你应该用硬纸板对文件柜的纸张进行分类，这样想要找到合适的文件要容易得多！

同样，在有组织的测试套件中可以更容易地找到测试。组织单元测试的一种方法是使用 describe 函数。

describe 函数将一个单元测试套件定义为一个测试套件。当你在命令行运行测试时，Jest 会格式化输出，以便你了解哪些测试套件通过，哪些测试套件失败。describe 函数中的代码称为 describe 代码块。

在 Item.spec.js 文件中添加 describe 函数，见例 2.4。将示例中的代码复制到 src/components/specs/_tests_/Item.spec.js 中。

例 2.4 在 describe 代码块对测试分组

```
describe('Item.vue', () => {          定义一个名为 Item.vue
  test('sanity test', () => {         的测试套件
    expect(true).toBe(true
  })
})
```

如果运行这个测试，你将看到输出被很好地格式化为一个名为 Item.vue 的测试套件。这样测试套件使用体验会更好一些。

伴随 describe 函数的组织能力而来的是一个警示，如果不小心过度使用 describe 会使测试套件变更加难以理解。

分隔板会让文件柜抽屉更容易操作。如果文件系统很容易被理解，新来的同事会很自然地使用该文件系统，并能够将文件归档到正确的类别。恭喜，你的系统工作正常。

接下来，你可能决定使用子类别甚至子类别中的子类别，以便查阅变得更容易。你可以添加一个彩色编码系统以优化文件组织。现在你会认为你的系统很好了，但对于你的同事来讲，它太复杂不易理解。当他们试图做文件归档时，需要花 5 分钟来决定文件应该放在哪个位置。

同样，describe 代码块也很容易让人头昏脑涨。我发现嵌套式的 describe 代码块就像一个滑坡。你会看到测试文件中带有三个或更多级别的 describe 代码块。describe 代码块越多，添加新的测试所需的脑力就越大。你会为新的测试应放置在哪一个 describe 代码块中而感到烦恼。

通常，可以通过一个好的测试命名将不必要的细节重构为一个单独的测试。例 2.5 和例 2.6 将向你展示如何扁平化嵌套式 describe 代码块。

例 2.5　嵌套的 describe 函数

```
describe('/api/apis', () => {
  describe('error response',() => {
    describe('with 500', () => {
      test('throws error', () => {
        // test
      })
    })
  })
})
```

例 2.6　扁平式 describe 函数

```
describe('/api/apis', () => {
  test('throws error when server responds with 500', () => {
    // test
  })
})
```

并不是每个人都同意我的观点，但是我要告诉你一件事：我曾花费过太多的开发时间去尝试决定一个新的测试应该放置在哪个 describe 代码块中。如果只有一个 describe 代码块，你永远不会遇到这种问题。

排除这个警示，你的可用性测试通过了 Jest 断言，现在是时候为 Vue 单文件组件编写一个真正的单元测试了。

2.2.5　组件的单元测试

单元是应用程序中最小的可测试部分。在大多数 JavaScript 项目中，函数是单元，但是在 Vue 应用程序中，组件也是可测试单元。

本书中，你将使用 Vue 单文件组件（SFC）格式编写 Vue 组件。单文件组件需要编译成 JavaScript，这意味着在测试之前需要向 Jest 中添加额外的配置。

2.2.6　使用 Jest 编译文件

Vue 单文件组件不是有效的 JavaScript。在 JavaScript 应用程序中使用它们之前，需要先编译它们。

为了确保 Jest 配置可以正确编译 Vue 单文件组件，你应该在你的可用性测试中导入一个 Vue 单文件组件。用例 2.7 中的代码替换 src/_tests__/Item.spec.js 中的代码。

例 2.7　导入一个 Vue 单文件组件

```
import Item from '../Item.vue'
import Vue from 'vue'

describe('Item.vue', () => {
  test('sanity test', () => {
    console.log(Item)
  })
})
```

现在，当你运行单元测试脚本时，Jest 将抛出错误告诉你它无法解析 Item 文件。

你的项目中已经存在一个构建脚本，它可以将源代码绑定到一个在浏览器中运行的 JavaScript 文件中。这个脚本使用 webpack 在底层进行编译，包括编译 Vue 单文件组件。遗憾的是 webpack 与 Jest 编译系统不兼容，因此你无法使用 webpack 来编译你的测试代码。

要编译 Jest 运行的文件，你需要使用 Jest 专用的构建程序。这些程序被称为 Jest 转换器。

注释　你可以在 Jest 网站 http://mng.bz/8F85 上阅读更多有关转换器的内容。

你需要在你的应用中使用两个转换器：babel-jest 和 vue-jest。babel-jest 可以将现代 JavaScript 编译成可以在 Node 中运行的 JavaScript。vue-jest 可以将单文件组件（SFC）编译成 JavaScript。

首先，你需要在命令行中运行以下命令，安装这两个转换器并将它们保存为依赖项：

```
npm install --save-dev babel-jest vue-jest
```

然后你需要告诉 Jest 如何使用这两个转换器。你可以在 package.json 中创建一个 jest 字段进行配置。打开 package.json，将例 2.8 中的代码添加到字段中。

例 2.8　在 package.json 中配置 Jest

```
"jest": {
  "transform": {
    "^.+\\.js$": "babel-jest",          <-- 针对所有 .js 使用 babel-jest
    "^.+\\.vue$": "vue-jest"       <-- 所有 .vue 文件使用 vue-jest 转换
  }
}
```

现在，当 Jest 加载 .vue 或 .js 文件时，会在正确的转换器中运行，并将文件转换为可在 Node 下运行的 JavaScript 代码（见图 2.4）。

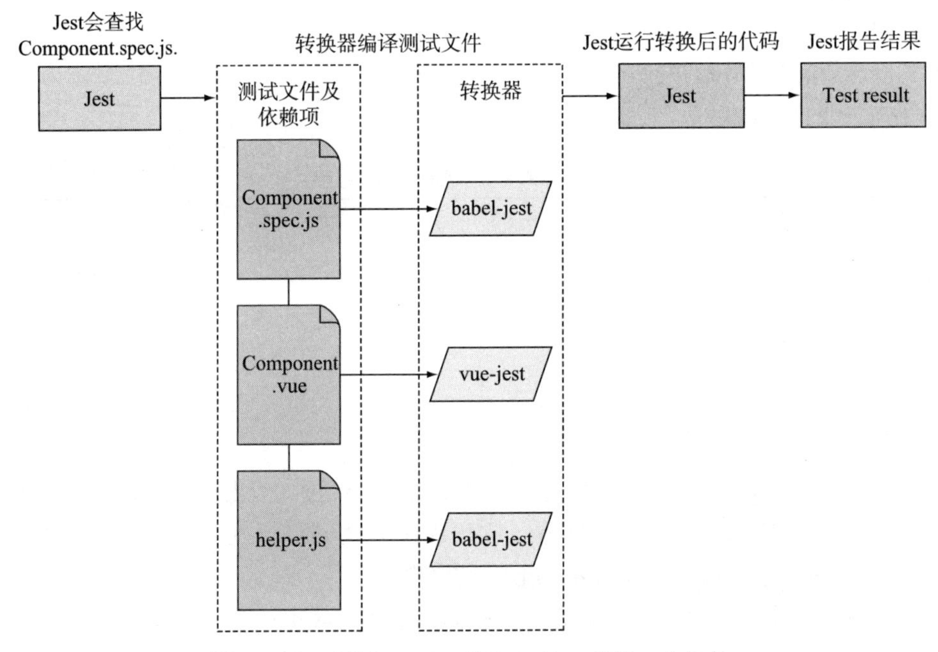

图 2.4　Jest 通过 vue-jest 和 babel-jest 编译一个组件

jest 字段代码完成后，使用以下测试命令重新运行你的单元测试：

```
npm run test:unit
```

测试将通过，你会在终端输出中看到一个 JavaScript 对象。很好，Jest 现在正在将 Vue 单文件组件编译为带有一个渲染函数的 JavaScript 对象。

渲染函数是 Vue 渲染过程的一部分，用以生成虚拟 DOM，这些虚拟 DOM 可用于生成 DOM 节点。要启动渲染过程，你需要挂载组件。

2.2.7　挂载组件

当你导入一个已编译的 Vue 组件时，它只是一个带有一个渲染函数和一些属性的对象（或函数）。要测试组件行为是否正确，你需要启动它并开启渲染过程。用 Vue 的说法，就是你需要挂载组件。

在第 1 章中，你已经了解到要创建一个 Vue 实例，需要用到 new 运算符、Vue 构造函数和选项对象。在你的测试中，你需要使用导入的组件选项对象做同样的事情。

要在 JavaScript 中创建实例，需要用到 new 运算符和一个函数（也称为构造函数）。Vue 中，Vue 主函数称为 Vue 基础构造函数，因为你将它作为了创建一个 Vue 实例的构造函数。

挂载组件，需要将组件选项转换为一个 Vue 构造函数。目前在你的测试文件中，组件选项对象并不是一个有效的构造函数，它只是一个普通的 JavaScript 对象。你可以使用 Vue extend 方法从选项中创建一个 Vue 构造函数，如下所示：

```
const Ctor = Vue.extend(Item)
```

Ctor 是 constructor 的缩写形式。当你有了构造函数之后，就可以使用 new 操作符来创建一个实例，如下代码所示：

```
const vm = new Ctor()
```

注释　Vue 中 vm 即代表一个实例，这是约定俗成的。你可以在如下链接中阅读相关内容 https://vuejs.org/v2/guide/instance.html。

通常，Vue 使用 el 选项在文档中查找应添加的被渲染 DOM 节点。你的组件构造函数中没有 el 选项，因此在创建实例时，它不会自动挂载并生成 DOM 节点。你需要手动调用 $mount 方法，如下所示：

```
const vm = new Ctor().$mount()
```

当你调用 $ mount 时，Vue 将生成一些 DOM 节点，你可以使用实例中 $el 属性在你的测试中访问这些节点，如下所示：

```
expect(vm.$el.textContent).toContain('item')
```

现在，击球手来了。Vue 要使用 DOM 方法（如：document.createElement）创建一个 DOM 树。Vue 组件的单元测试必须在浏览器环境中运行。

这看起来像是一个交易破坏者。在浏览器中运行单元测试会降低速度并引入一个复杂的环境。幸运的是，默认情况下，Jest 是在 jsdom 库创建的浏览器环境中运行测试。jsdom 是一个 DOM 实现，它完全是由运行在 DOM 中的 JavaScript 编写。使用 jsdom 替代真正的浏览器可以使测试运行变得更快。

警告：jsdom 实现了大多数 DOM API，但是也有一些还没有实现。如果你发现浏览器方法抛出错误，则可能是 jsdom 的问题。我们将在第 5 章中详细介绍 jsdom 的局限性。

让我们将所有的代码都放到你的第一个组件单元测试中吧。将例 2.9 中的代码复制到 src/components/_tests_/Item.spec.js 中。

例 2.9 创建一个构造函数并挂载组件

```
import Item from '../Item.vue'
import Vue from 'vue'

describe('Item.vue', () => {
  test('renders "item"', () => {
    const Ctor = Vue.extend(Item)
    const vm = new Ctor().$mount()
    expect(vm.$el.textContent).toContain('item')
  })
})
```

用 item 选项创建一个新的 Vue 构造函数

创建一个新的 Vue 实例子并挂载该实例

访问 DOM 元素，检查文本内容

运行命令：npm run test:unit，测试通过，获得了一个漂亮的绿色对勾。祝贺，你已经完成了第一个 Vue 组件单元测试的编写！

正如你刚刚所见，挂载组件需要一些样板代码。与其自己编写这些代码，不如使用一个库来挂载组件。在下一节中，你将使用 Vue 测试库 -Vue Test Utils 重构代码。

2.3 Vue Test Utils 简介

Vue Test Utils 库会让 Vue 组件单元测试变得更容易。它包含的一些辅助方法可以实现组件挂载、与组件交互以及断言组件输出。你将在你的单元测试中大量使用到此库，因此了解 API 非常重要。

2.3.1 了解 API

Vue Test Utils 导出一个 mount 方法，该方法在接收一个组件后，会将其挂载并返回一个包含被挂载组件实例（vm）的包装器对象。理解包装器对象的最佳方法是与它进行交互。安装 Vue Test Utils，并将其设为开发依赖，如下所示：

```
npm install --save-dev @vue/test-utils
```

使用 Vue Test Utils 的 mount 方法重新编写可用性测试。将例 2.10 中的代码添加到 src/components/__tests__/Item.spec.js 中。

例 2.10 使用 Vue Test Utils 测试 textContent

```
import { mount } from '@vue/test-utils'
import Item from '../Item.vue'

describe('Item.vue', () => {
  test('renders item', () => {
    const wrapper = mount(Item)
    expect(wrapper.vm.$el.textContent).toContain('item')
  })
})
```

返回一个包含挂载 Item 的包装器

返回 Item 文本内容

你可能想知道为什么 mount 不直返回 Vue 实例（vm）而是返回包装器。mount 返回的包装器不仅包含 Vue 实例，还包括一些辅助方法，你可以使用它们来设置 props，检查实例属性以及对实例执行操作。

其中一个辅助方法是 text，它返回实例元素的 textContent，因此你可以使用 text 方法重构你的测试。用例 2.11 中的代码替换 src/components/__tests__/Item.spec.js 中的测试代码。

例 2.11　使用 Vue Test Utils text 方法

```
test('renders item', () => {
  const wrapper = mount(Item)
  expect(wrapper.text()).toContain('item')    <-- 返回 Item 文本内容
})
```

Vue Test Utils 还有助于编写易于阅读的表达性测试。弄明白 API 包装器可能需要一点时间，但我相信跟随本书到最后的时候，你一定比隔壁邻居更熟悉 API。

mount 适用于小组件，在本书后面你将要为渲染组件编写测试。为了提前做好准备，你需要了解 shallowMount 方法。

2.3.2　使用 shallowMount

除了 mount 方法，Vue Test Utils 还包含一个 shallowMount 方法。shallowMount 不会像 mount 一样渲染整个组件树（见图 2.5），它只渲染一层组件树（见图 2.6）。

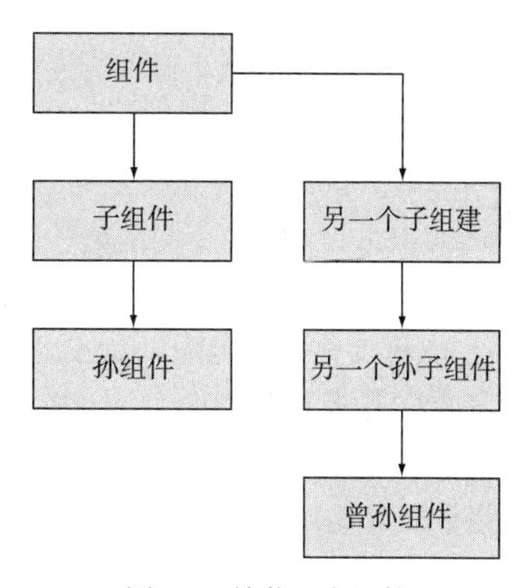

图 2.5　挂载一个组件

就像 mount 一样，shallowMount 挂载一个组件并返回一个包含被挂载组件的包装器。不同之处在于，shallowMount 在挂载组件之前对所有子组件进行存根。

shallowMount 可以确保你对一个组件进行独立测试，有助于避免测试中因子组件的渲染输出而混乱结果。

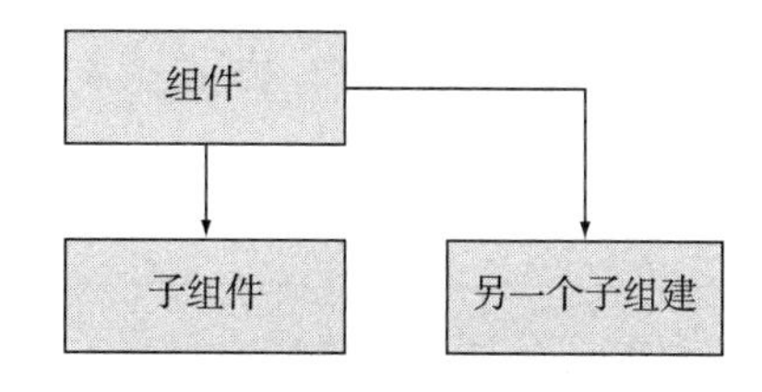

图 2.6　通过 shallowMount 挂载一个组件

你应该使用 shallowMount 方法重构你之前编写的测试。用例 2.12 中的代码替换 src/components/__tests__/Item.spec.js 中的代码。

例 2.12　使用 shallowMount 方法

```
import { shallowMount } from '@vue/test-utils'    <-- 从 Vue Test Utils 导入 shallowMount
import Item from '../Item.vue'

describe('Item.vue', () => {
```

```
  test('renders item', () => {
    const wrapper = shallowMount(Item)       <-- 存根子组件并挂载
    expect(wrapper.text()).toContain('item')
  })
})
```

运行 npm run test:unit 命令，测试仍应通过。至此，本书后面的内容将默认使用 shallowMount 而不是 mount。

你可以使用 Vue Test Utils 编写各种测试。例如，测试单击按钮是否会打开弹出窗口，或者提交表单是否会向服务器发送 POST 请求。在本书后面的内容中，你将学习到如何使用 Vue Test Utils 编写类似的测试。

在下一章之前，我要传授你如何使用 Chrome Debugger 调试测试，并近距离地了解过程中的 Vue Test Utils 包装器对象。

2.4 使用 Chrome Debugger 调试测试

当一个单元测试失败时，你的工作就是调试测试，了解测试失败的原因并修复代码。调试是测试过程的一部分，你需要擅长调试才能成一名测试大师。

调试测试的常用方法是通过 console.log 查看执行代码期间变量的值。我们都曾面对 console-logging 10 个不同的值，试图弄清楚到底出了什么问题的情况！

console.log 这个方法很好，但在你希望找到问题根源的过程中，很容易从 console-logging 重要值，变为随机 console-logging。编程不是在抽奖，你不应该在编程过程中只靠运气，你需要了解代码。

帮助理解代码的一种方法就是运用调试程序。Chrome 的 Debugger 插件可以提供代码断点调试功能。你可以在代码执行期间检查断点处的代码变量。

在本节中，你将学习如何在 Jest 运行测试时使用 Chrome 的 Debugger 插件进行调试。你将在 Item 测试中添加一个断点，以便查看 Vue Test Utils 挂载函数返回的包装器对象是什么。

重点 你需要运行 Node 8.4.0 或更高版本，否则，调试器将无法正常工作。查看 Node 版本，输入 node --version。如果版本低于 8.4.0，请参照附录 A 中的说明，安装 Node 最新版本。

为 node 调试器添加断点，需要添加 debugger 语句。这样 Node Debugger 会在 debugger 语句处断开代码。打开 Item.spec.js 文件，在包装器声明之后添加调试器语句。代码如例 2.13 所示。

例 2.13 使用 Vue Test Utils 测试 text

```
import { shallowMount } from '@vue/test-utils'
import Item from '../Item.vue'
```

```
describe('Item.vue', () => {
  test('renders "item"', () => {
    const wrapper = shallowMount(Item)
    debugger                                        <—— Chrome Debugger 将 在
    expect(wrapper.text()).toContain('item')            debugger 语句处暂停
  })
})
```

现在你需要在调试模式下运行单元测试。这是常见的一项任务，所以你应该添加一个新脚本 test:unit:debug。该脚本是在无缓存的一个 Node Debugger 进程中运行 Jest 的。将以下脚本添加到 pack-age.json 的 script 字段：

```
"test:unit:debug": "node --inspect-brk ./node_modules/jest/bin/jest.js --no-
    cache --runInBand"
```

运行以下命令：

```
npm run test:unit:debug
```

运行此命令后，你应该看到输出告诉你 Node Debugger 正在侦听一个 WebSocket。

在调试器侦听时要保持命令行打开。现在开启 Chrome，访问 chrome://inspect 地址。你将在 Remote Target 部分中看到 node_modules/jest/bin/jest.js。这是 Node Debugger 进程。单击 Inspect 打开 Chrome Debugger 窗口（见图 2.7）。

调试器将暂停，因此单击右上角的“Resume Execution”按钮继续执行。你可以在图 2.8 中看到该按钮。

图 2.7　Chrome Inspect 窗口

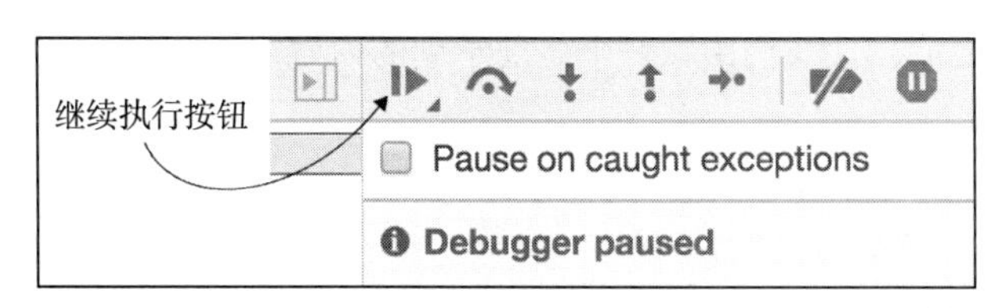

图 2.8　继续执行按钮

代码将在你之前添加的调试器语句处停止。太棒了，现在你可以访问断点处所有的代码变量，包括 wrapper。将鼠标悬停在 wrapper 上查看此对象。你可以看到它是一个 VueWrapper 实例，包含元素、vm、vnode 和选项属性（见图 2.9）。

鼠标悬停在 wrapper 变量上审查

```
1  import { shallowMount } from '@vue/test-utils'
2  import Item from '../Item.vue'
3
4  describe('Item.vue', () => {
5    test('renders item', () => {
6      const wrapper = shallowMount(Item)   wrapper = Vu
7      debugger
8      expec   VueWrapper
9    })          element: (...)
10 })            isFunctionalComponent: undefined
11               isVm: true
               ▸ options: {attachedToDocument: false, sync
                 version: 2.5
```

图 2.9　审查 wrapper

要查看 wrapper 的方法，你需要看一下 Wrapper 原型。单击 "__proto__" → "__proto__"，你可以看到包装器对象可用的方法（见图 2.10）。

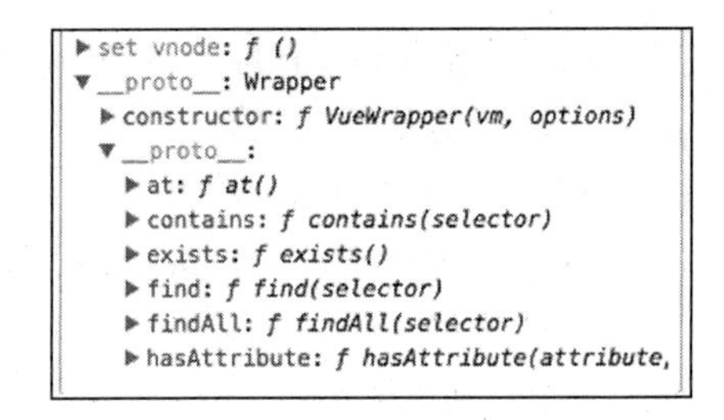

图 2.10　查看 wrapper 方法

在第 3 章中你将大量使用这些方法。现在，单击 " Resume Execution " 右侧的按钮。如果将鼠标悬停在按钮上，你将看到它们的名字。单击 " Step Into Next Function Call " 按钮，可以跳到下一步。如果你想跳过当前函数而不检查函数内部发生的情况，这按钮很有用。

我们通过这些按钮可以了解代码是如何执行的。当你在本书后面内容中需要调试应用程序时，这些知识将非常有用。

注释　某些 IDE（如：WebStorm 和 VSCode）自带调试功能。关于在 WebStorm 中调试 Jest 程序的指南，阅读 http://mng.bz/UMqX。关于如何使用 VSCode 调试 Jest 测试，阅读 http://mng.bz/1j7N。

Chrome Inspector 调试功能很强大。当你掌握如何单步执行代码时，你将可以有效地调试任何失败的测试！

在继续下一章之前，让我们回顾一下之前学到的内容。

总结

- Vue 项目遵循通用目录结构。
- 你可以使用 npm scripts 运行项目特定的脚本，例如测试脚本。

- Jest 可以在项目中找到测试，运行它们，并报告测试结果。
- 你可以使用 Vue Test Utils 的 shallowMount 和 mount 方法挂载组件。
- Vue Test Utils 需要在浏览器环境中运行。
- 你可以使用 Chrome 调试 Node 程序。

练习

1. 填写以下测试模板，测试 TestComponent 是否成功渲染文本“Hello，World！”：

```
import { shallowMount } from '@vue/test-utils'
import TestComponent from '../TestComponent.vue'

test('renders Hello, World!', () => {
  // Add test code here
})
```

2. 如果要测试组件的渲染输出而不是子组件的渲染输出，你将使用哪种 Vue Test Utils 方法来挂载组件？

```
- mount
- shallowMount
```

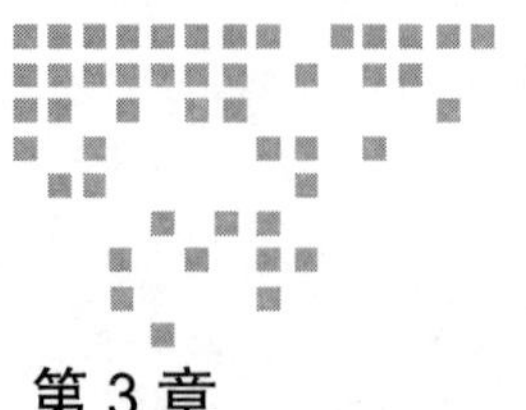

Chapter 3 第 3 章

渲染组件输出测试

本章内容

- 组件输出测试
- 编写一个静态的 Hacker News 信息流

假如一棵树在森林里倒下且附近没有人听见，那它有没有发出声音呢？更重要的是，如果某个组件已被挂载且没有人为其编写测试，那它是否会产生输出呢？

测试是有关输入和输出的。在测试中，你提供输入，接收输出，并断言输出是否正确。组件最常见的输出是渲染输出，即渲染函数生成的内容。这就是本章的内容：测试渲染组件输出。

要学习如何测试组件输出，你将要编写一个静态的 Hacker News 信息流。信息流很简单，但它可以让你有机会测试不同形式的输出并熟悉 Vue Test Utils API。

本书从头至尾都是关于测试的，而测试中的一部分是将模糊的需求转换为规范。本章的第一部分就是关于如何依据需求创建规范。

当你得到了静态信息流的规范后，你将为它编写测试。通过这样，你将学习到在单元测试中如何使用不同的 Vue Test Utils 方法对 Vue 组件渲染的输出进行测试。在你完成信息流编写以后，你将创建一个进度条组件，通过该组件你会学习到如何测试 style 和 class。

首先要做的是创建静态信息流的规范。

3.1 创建测试规范

建筑公司在拥有蓝图之前不会开始建造摩天大楼。同样，程序员在得到规范之前，也不应该编写测试。

起初时，确定你应该编写什么样的测试可能很困难，但这是你要学习的一项重要技能。

对 Vue 应用程序，使用如下过程会对你有帮助：

- 就需求达成一致。
- 回答有关细节的问题，以获得高级规范与设计。
- 将设计分解到组件级。
- 编写组件级规范。

你已经知道需求了：你需要编写一个静态 Hacker News 信息流。这里有很多解释空间，所以你需要敲定一些细节。

3.1.1　高级规范

需求是从用户的视角对应用程序进行的模糊描述。你需要通过不断的询问来获取需求，直到你获得可以诠释产品如何工作的技术规格说明书。

你得到的需求是创建一个静态 Hacker News 信息流。你的第一个问题应该是：它会是什么样子？文字描述对不同的人会有不同的理解，但是对于图像就很难产生误解了。你可以在图 3.1 中看到一个针对 Hacker News 应用程序的设计。

该设计回答了很多问题，但我还有两个额外的问题：

- 该应用应该显示多少项目？
- 你如何获得项目数据？

10	• Vue.js - the progressive framework (https://vuejs.org/) by eddyerburgh
100	• Eel migration is fascinating (https://www.google.com/search?q=eel+migration) by eddyerburgh

图 3.1　信息流中的两个项目

第一个问题很简单。你将显示每个项目的返回数据。接下来要回答的问题是如何获取数据。现在，你要在挂载应用程序之前获取数据，然后将其作为 window 对象的一个属性。window 对象在一个浏览器环境中是一个全局变量，因此应用程序中的组件能够访问它们。

注释　如果你是一位有经验的开发者，你的警报可能会响起。向 window 对象添加属性不是一个好的实践。别担心，你会在第 4 章中重构数据提取这部分代码的。

代码已经写在 src/main.js 文件中了。它从 Hacker News API 中 top 消息，并在创建 Vue 实例之前将它们设为 window 对象的 items 属性。你可以在例 3.1 中看到正在被获取的数据并将其添加到 window 中。

注释 本章要在第 2 章创建的应用程序基础上进行。如果你没有该应用程序，可以按照附录 A 中的说明签出 chapter-3 Git 分支。

例 3.1 获取数据后实例化 Vue

```
fetchListData('top')
  .then((items) => {
    window.items = items
    new Vue({
      el: '#app',
      render: h => h(App)
    })
  })
```

用 fetchListData 获取的 items 调用函数

将 fetchLisData 返回的 items 赋给 window.items

当数据被添加到 window.items 后，挂载应用

注释 main.js 中的代码使用了一个 promise 来确保数据在挂载应用程序之前完成加载。如果你对 promise 用法不熟悉，请阅读 MDN https://mzl.la/2j7Nq1C。

高级规范包括：

- 使用图 3.1 中的设计创建一个信息流。
- 使用 window.items 中的数据渲染信息流。
- 显示数据中的所有项目。

恭喜你，你已经把一个模糊的需求变成了清晰的关于信息流如何工作的高级规范。现在你需要考虑组件设计了。

3.1.2 创建组件级规范

当你有了应用程序的高级规范后，你需要考虑如何实现它们。对于 Vue 应用程序，要涉及决定如何将 UI 元素表现为组件。

概括来看，信息流只是一个项目列表。你可以将 Hacker News 信息流表现为一个 ItemList 组件，该组件将数据中每个项目渲染为一个 Item 组件（图 3.2）。

信息流就是由一个 ItemList 组件和一个 Item 组件组成的。现在你需要考虑每个组件应该做什么。

ItemList 组件负责使用正确的数据渲染 Item 组件。你可以为 ItemList 组件编写以下规格说明：

- 为 window.items 中的每一项渲染一个 Item 组件。
- 将正确的数据传递给每个 Item。

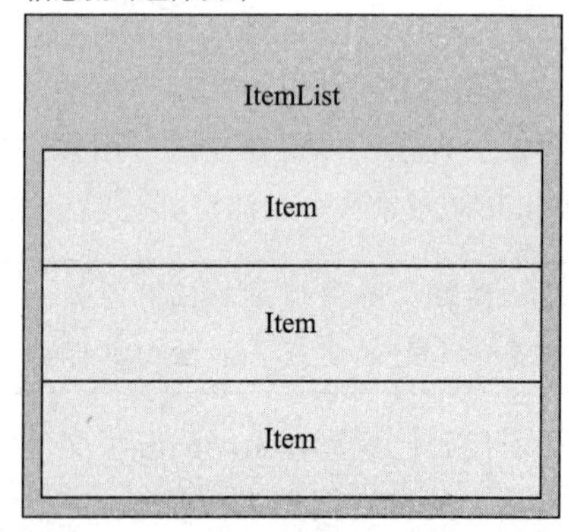

图 3.2 ItemList 会包含多个 Item 组件

Item 组件将负责渲染正确的数据。在第 1 章中，我提及过组件契约的概念。一个组件契约就像一个组件 API。该 API 就是为 Item 组件接收一个 item prop 并用它渲染数据的。你可以为 Item 组件编写如下规格说明：

- 使用作为 item prop 接收的数据渲染 URL、作者和分数。
- 使用 item.title 作为文本，渲染指向 item.url 的链接。

现在你已经得到你的规范了，是时候编写测试实现它们了。首先要为 Item 组件编写测试。为此，需要学习如何测试渲染文本。

3.2　渲染文本测试

通常，你需要测试组件是否渲染了文本，这个环节我自己一直在做。在本节中，你将学习如何测试组件渲染文本以及如何测试一个特定 DOM 元素渲染正确文本。

要学习如何测试文本，你要为 Item 组件编写测试。Item 组件规格说明如下：

- 使用作为 item prop 接收的数据渲染 URL、作者和分数。
- 使用 item.title 作为文本，渲染指向 item.url 的链接。

第一条规格没有说明要将 URL、作者或分数渲染到哪一个元素中。因此，测试只要检查它们是否被渲染在组件输出中的某个位置即可。第二条测试规格说明指定文本应该被渲染到一个链接（也称为 <a> 标签）中。因此，测试应该检查组件是否将文本渲染到在一个 <a> 标签中。

要编写这些测试，你需要在挂载 Item 组件时为其提供 prop 数据，可以使用 Vue Test Utils 向组件提供 prop 数据。

3.2.1　向一个组件传递 prop

为一个组件编写单元测试时，你需要为组件提供生产环境中接收到的输入数据。如果组件在生产环境中接收一个 prop，你需要在组件挂载到测试时为组件提供该 prop。

当你挂载组件时，可以使用 Vue Test Utils 将 prop 作为一个选项对象传递给组件，如例 3.2 所示。

例 3.2　通过挂载选项向一个组件传递 prop

```
const wrapper = shallowMount(Item, {
  propsData: {
    item: {}
  }
}
```

与 propsData 一样，选项对象接受你在创建 Vue 实例时传递的任何选项。你将在本书中大量使用选项对象。

现在你已经知道如何将 prop 传递给组件，可以编写一个测试来检查 Item 组件是否使用了此数据渲染文本。

3.2.2 组件文本内容测试

有时你需要测试一个组件是否渲染了某些文本。由什么元素渲染文本无关紧要，只要文本在组件渲染输出中的某个位置被渲染就可以。

你可以使用 Vue Test Utils 的 text 方法测试组件是否包含文本内容：

```
expect(wrapper.text()).toBe('Hello, World!')
```

但是这里有一个问题，在一个组件包装器上调用 text 方法将返回组件渲染的所有文本。toBe 匹配器会检查组件中所有文本是否与预期值完全相同。如果你决定向组件添加额外的文本，测试将会中断。

测试原则是如果测试的功能没有发生改变，测试就不应该中断。编写遵循此原则的测试很困难，但你应该始终为之努力，让你的测试成为未来的举证。使用 toBe 匹配器检查组件所有的渲染文本是否违反此原则。

你可以使用 toContain 匹配器解决此问题。toContain 匹配器会检查一个值是否包含在它所检查的字符串中的某个位置。它有点像 string.prototype.includes 方法。你可以编写一个测试来检查组件是否能够渲染文本，如下所示：

```
expect(wrapper.text()).toContain('Hello, World!')
```

现在断言只有在“Hello，World”没有被渲染时才会失败。你可以根据需要向组件添加额外的文本，测试仍然可以通过。本书中将大量使用到 toContain 方法来检查组件渲染输出是否包含某个值。

Item 组件的第一条规格说明是检查它是否使用作为 prop 接收的数据渲染了 URL、作者和分数。它们是组件中相互独立的特性，因此你应将它们分成三个单元测试。

每个测试都将挂载一个带有 item 对象的 Item 组件，该对象被作为一个 item prop 传递，然后断言渲染输出是否包含正确的文本。你将使用 text 方法和 toContain 匹配器编写这个测试。

用例 3.3 中代码替换 src/components/__tests__/Item.spec.js 中现有代码。

例 3.3 在一个测试中向组件传递 prop

```
import { shallowMount } from '@vue/test-utils'
import Item from '../Item.vue'

describe('Item.vue', () => {
  test('renders item.url', () => {
    const item = {
      url: 10
    }
```

```
    const wrapper = shallowMount(Item, {      向 item 对象传递 Item prop
      propsData: { item }
    })
    expect(wrapper.text()).toContain(item.url)      使用 toContain 断言 item.url
  })                                                中包含渲染组件的文本
})
```

运行 npm run test:unit，观察测试失败情况。断言错误信息应该会提示你该字符串不包含正确的文本。

你可以通过更新组件使测试通过，接收一个 item prop 及渲染分数。用以下代码替换 src/components/Item.vue 中的代码：

```
<template>
  <li>
      {{ item.url }}
  </li>
</template>

<script>
  export default {
    props: ['item']
  }
</script>
```

再次运行 npm run test:unit，检查测试是否通过。其他两个测试与你刚刚编写的测试非常相似，因此在这里就不再重复展示了。在本章结尾的练习中，你可以自己实现它们，或者你可以签出 chapter-4 Git 分支以查看已完成的测试。

对于下一条规格说明，你需要检查 Item 组件是否使用 item.title 作为文本渲染指向 item.url 的链接。要测试 Item 使用正确的文本渲染 <a> 元素，你需要访问组件渲染输出中的 <a> 元素。

3.2.3　使用 find

使用 Vue 开发应用程序时会一直与组件打交道，而使用 Vue Test Utils 进行测试时总少不了包装器的身影。你需要通过包装器接口与组件渲染输出进行交互。

你可以使用 find 方法为渲染输出中的每个节点获取包装器。find 搜索与选择器匹配的第一个节点的渲染输出，并返回包含该匹配节点的包装器（图 3.3）。

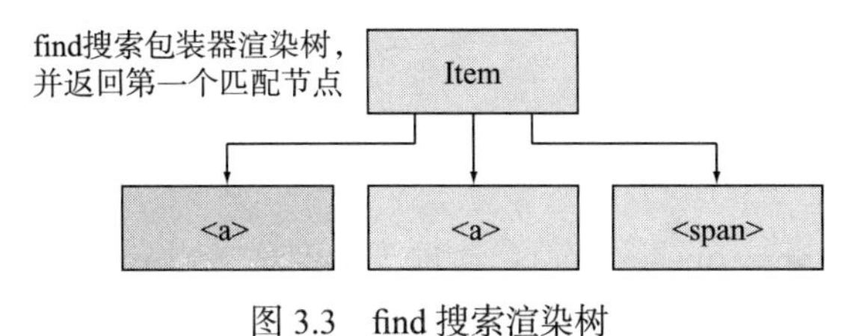

图 3.3　find 搜索渲染树

例如，你可以通过 <a> 选择器获取 <a> 元素的文本，并在返回的包装器上调用该文本，如下所示：

```
wrapper.find('a').text()
```

你将使用这种方式来测试你的组件是否以正确的文本内容渲染 <a> 元素。

3.2.4 测试元素的文本内容

有的测试，需要一个组件必须在组件的某处渲染文本。有时候，你需要更具体地测试一个组件是否在一个特定元素中渲染文本。

Item 组件应该以 item.title 作为文本渲染一个链接指向 item.url。这个测试需要比检查文本是否在组件中的某个位置被渲染更具体。该文本必须被渲染在 <a> 元素中。

注释 你将在下一节测试 DOM 属性，检查 <a> 元素的 href 内容是否正确。

测试将使用 find 来获取包含 <a> 元素的包装器，然后调用 text 方法获取元素的文本内容。将例 3.4 所示代码添加到 src/components/__tests__/Item.spec.js 中的 describe 代码块。

例 3.4 测试组件文本

```
test('renders a link to the item.url with item.title as text',
➡  () => {  const item = {          ◁— 创建一个模拟 item 作为
    title: 'some title'                  prop 数据传入
  }
  const wrapper = shallowMount(Item, {  传递 prop data
    propsData: { item }          ◁—
  })                                          查找一个 <a> 元素并检查渲染文
  expect(wrapper.find('a').text()).toBe(item.title)  ◁— 本是 item.title
})
```

运行单元测试脚本 npm run test:unit，确保测试因正确原因失败。你将收到 Vue Test Utils 错误，告知无法找到 <a> 元素。Vue Test Utils 错误意味着测试应该会始终因正确原因失败，但并不绝对。你可以在添加 <a> 标签后，再检查测试是否因正确原因失败，并使测试通过。

要让测试通过，你需要在 <a> 标签中渲染 item.title。打开 src/components/Item.vue 文件，并使用以下代码替换 <template> 代码块内容：

```
<template>
  <li>
      <a>{{ item.title }}</a>
      {{ item.url }}
  </li>
</template>
```

再次运行单元脚本 npm run test:unit。通过了，但你并没有看到测试失败的正确原因。如果你想要像我一样格外小心，你可以删除 <a> 标签中的文本以查看断言错误。当验证到测试是因正确原因而失败后，记得添加回文本。

遵循 TDD 原则，你以添加最小的源代码通过了这个测试。刚刚只是在 <a> 元素中渲染了一个标题，这不是一个完整的功能链接。下一步是添加一个测试来检查 <a> 元素是否具有 href 值，从而使它成为链接！

3.3 测试 DOM 属性

我并不总是以渲染 DOM 属性作为组件契约的一部分来编写组件，但是一旦当我这样做时，我会为它们编写测试。幸运的是，使用 Vue Test Utils 测试 DOM 属性很容易。

你现在实现的是 Item 组件使用 item.title 作为文本渲染指向 item.url 的链接。你已使用标题文本渲染它了，现在需要将 item.url 值赋给一个 href 属性。为此，需要一个在测试中能够访问 href 属性的方法。

Vue Test Utils 包装器有一个 attributes 方法，可以返回组件属性对象。你可以使用该对象来测试一个属性的值，如下所示：

```
expect(wrapper.attributes().href).toBe('http://google.com')
```

在测试中，你将使用 attributes 来检查 <a> 元素是否具有正确的 href 值。你可以查找包含 <a> 元素的包装器，然后调用 attributes 方法来访问 href 值。用例 3.5 中的代码示例在 src/components/_tests_/Item.spec.js 中替换 renders a link to the item.url with item.title as text 测试。

例 3.5　测试 DOM 属性

```
test('renders a link to the item.url with item.title as text', () => {
  const item = {
    url: 'http://some-url.com',
    title: 'some-title'
  }
  const wrapper = shallowMount(Item, {
    propsData: { item }
  })
  const a = wrapper.find('a')
  expect(a.text()).toBe(item.title)
  expect(a.attributes().href === item.url).toBe(true)    <- 断言<a>元素有一个href属性，属性值为item.url
})
```

再次运行单元测试 npm run test:unit。<a> 元素上没有 href 属性，因此测试失败。

看一下错误信息："期望值为 true，返回值为 false。"这条消息不是很有用，无法判断测试失败是因为 href 值不正确，还是因为 <a> 元素没有 href 属性。

这种断言错误是由一个 Boolean 断言引起的。你应该避免 Boolean 断言，就像我避免在学校参加长跑一样。

避免 Boolean 断言

通过比较 Boolean 值完成 Boolean 断言。当断言失败时，“期望值为 true，返回值为 false”这样的错误消息并不能清楚说明测试为什么失败。

Boolean 断言总会留给你一个思考：元素是否包含不正确的属性值？属性是否被渲染？Boolean 断言错误不会告诉你答案。

替代 Boolean 断言的方法是使用富有表达力的值断言。顾名思义，值断言是将一个值与另一个值进行比较的断言。

当值断言测试失败时，你会收到一条描述性的错误消息：“期望的 'some value' 等于 'somevalue'。”啊哈！查看测试代码，你会看到组件期望的 some value 代码被意外删除了空格。当单元测试抛出值断言错误时，你可以得到一个有用的线索来开启你的调试跟踪。

你可以使用值断言重写之前的测试。将 src/components/__tests__/Item.spec.js 中的 Boolean 断言替换成以下代码：

```
expect(a.attributes().href).toBe(item.url)
```

再次运行测试 npm run test:unit。断言错误信息现在更加清晰了。你可以看到测试失败是因为 <a> 元素的 href 属性未被定义。

有用的信息可以帮助你让测试通过。在 src/components/Item.vue 中，添加一个带有 item.url 的 href prop。因为你使用的是动态值，所以需要使用 v-bind 指令冒号（:）将 href 绑定到 <a> 标签。如下所示修改 <a> 标签：

```
<a :href="item.url">{{ item.title }}</a>
```

注释 你需要使用 v-bind 指令将动态数据作为 HTML 属性传递。要了解有关 v-bind 指令的更多信息，请参阅 Vue 文档 https://vuejs.org/v2/api/#v-bind。

现在运行测试脚本 npm run test:unit。如果正确添加了 href，测试将通过。太棒了，你已经完成了 Item 组件功能的编写和测试，该组件满足了它的契约。

下一个要测试的组件是 ItemList 组件。你编写的第一个测试是要检查它是否为 window.items 数组中的每一项都渲染了一个 Item 组件。要编写这个测试，你需要了解如何测试父组件渲染的组件数量。

3.4 测试渲染组件的数量

本书中，你一直在使用 shallowMount 方法挂载组件。shallowMount 不渲染子组件，因此你编写的单元测试仅能够测试根组件。这样做可以使单元测试更专注，更容易理解。但是，如果你需要检查根组件是否渲染了子组件，该怎么办？

这是一种常见的情况。我发现自己编写了大量测试来检查组件是否被渲染。以前，你使用find方法访问一个元素，但find只能返回第一个匹配节点，所以如果要检查被渲染节点总数的话，你可以选择使用findAll方法。

使用findAll

就像find方法是面向document.querySelector一样，findAll方法是面向document.querySelectorAll的。findAll在渲染输出中搜索与选择器匹配的节点，并返回一个包含匹配节点的包装器的类数组对象（arrayLike object）。

类数组对象也称为一个包装器数组。与JavaScript数组一样，包装器数组有length属性。你可以使用该包装器数组的length属性来检查组件树中存在多少元素，如例3.6所示。

例3.6 使用包装器数组的length属性

```
const wrapper = mount(ItemList)
wrapper.findAll('div').length        <-- Length 等于被 TestComponent
                                         渲染 <div> 元素的数量
```

findAll使用选择器查找渲染输出中匹配的节点。如果使用Vue组件作为选择器，findAll将查找匹配的组件实例，如例3.7所示。

例3.7 使用一个组件作为选择器

```
import Item from '../src/Item.vue'

const wrapper = mount(ItemList)
wrapper.findAll(Item).length         <-- Length 等于 Item
                                         实例的数量
```

你将使用这个方法编写测试。记住规范是：ItemList应该为window.items中的每一项渲染一个Item组件。

在测试中，你将window.items属性设置为包含对象的数组。然后，挂载组件并检查ItemList是否渲染了与items数组中的对象相等数量的Item组件。

记住，一个好的单元测试要有一个富有表达力的断言错误。当你使用适合断言的匹配器时，断言错误将更具表达力。当测试具有length属性的数组或类数组对象时，你可以使用toHaveLength匹配器。

创建一个新的测试文件src/views/__tests__/ItemList.spec.js，并将例3.8代码复制到文件里。

例3.8 测试子组件

```
import { shallowMount } from '@vue/test-utils'
import ItemList from '../ItemList.vue'
import Item from '../../components/Item.vue'

describe('ItemList.vue', () => {
  test('renders an Item for each item in window.items', () => {
    window.items = [{},{},{}]        <-- 为子组件设置
                                         items 数据
```

```
    const wrapper = shallowMount(ItemList)          <-- 挂载 ItemList
    expect(wrapper.findAll(Item))
      .toHaveLength(window.items.length)           <-- 使用一个包装器数组的 length 属性检查 window.items
  })                                                    的每一项是否被渲染为一个 Item
})
```

现在使用命令行 npm run test:unit 运行单元测试。它会为你提供一个有用的断言错误信息——“期望值等于 3，返回值等于 1”。

最小化模拟原则

通常在测试环境中，你需要将模拟数据传递给组件或函数。而在生产环境中，这个数据可能是具有许多属性的庞大对象。庞大对象使得测试更复杂难读，你应始终传递测试所需的最少数据。

要使测试通过，将例 3.9 代码添加到 src/views/ItemList.vue 中。

例 3.9 使用 v-for 渲染 items 数组

```
<template>
    <div class="item-list">
        <item v-for="item in displayItems" :key="item.id"></item>   <-- 为 displayItems 数据的每
  </div>                                                                一个对象渲染一个 Item
</template>

<script>
import Item from '../components/Item.vue'

export default {
  components: {
    Item
  },
  data () {
    return {
      displayItems: window.items      <-- 使 data/items 数组中的 items
    }                                     对组件的 displayItems 可用
  }
}
</script>
```

再次运行测试 npm run test:unit。测试通过。太棒了，ItemList 的第一条规范完成了。

现在你需要为第二条规范编写测试：每个 Item 应该接收到正确的渲染数据。你需要测试 ItemList 是否将正确的数据传递给了每个 Item。为此，需要学习如何测试组件的 prop。

3.5　测试 prop

对于具有 prop 的组件，必须收到正确的 prop 才能行为正常。你可以使用 Vue Test Utils 编写测试，检查组件实例是否接收到正确的 prop。

ItemList 的第二条规范是每个 Item 应该接收正确的渲染数据。每个 Item 组件是否都能接收到正确的 prop 数据，这点很重要。Item 组件契约的一部分就是接收正确的数据。如果你不提供薪酬，就不能指望员工工作。同样，如果你不提供一个 item prop，就不能指望 Item 可以正确渲染。

要测试一个组件是否接收到一个 prop，你可以使用 Vue Test Utils props 方法。

3.5.1　使用 Vue Test Utils props 方法

props 是一个 Vue Test Utils 包装器方法。它返回一个对象，其中包含一个包装器组件实例及它们的值的 prop，如例 3.10 所示。

例 3.10　测试 prop

```
const wrapper = shallowMount(TestComponent)
expect(wrapper.find(ChildComponent).props()      <-- 调用 props 方法获取一个子
➥ .propA).toBe('example prop')                      组件的 prop 对象
```

你可以使用 props 方法断言每个 Item 组件都接收到了正确的 item prop。你需要更新之前的测试描述和断言，不需要添加新的测试。

使用例 3.11 代码替换 src/views/__tests__/ItemList.spec.js 中的 renders an Item with data for each item in window.items 测试代码。

例 3.11　使用 props 方法测试 prop

```
test('renders an Item with data for each item in window.items', () => {
  window.items = [{}, {}, {}]
  const wrapper = shallowMount(ItemList)
  const items = wrapper.findAll(Item)          <-- 创建一个 Item 组件 WrapperArray
  expect(items).toHaveLength(window.items.length)
  items.wrappers.forEach((wrapper, i) => {     <-- 循环遍历每个 Item
    expect(wrapper.props().item).toBe(window.items[i])   <-- 断言索引 i 处的 Item 的 prop 值与 window.items
  })                                                         索引 i 处的 item 匹配
})
```

如果使用 npm run test:unit 运行测试，你将看到 item 定义。这是期望的结果，因为你尚未将任何数据传递给 Item 组件。要使测试通过，你需要向每一个要渲染的 Item 组件传递一个 item prop。

打开 src/views/ItemList.vue，并将 <template> 代码块的内容替换为例 3.12 代码。

例 3.12 向一个子组件传递 prop

```
<template>
  <div class="item-list">
  <item
    v-for="item in displayItems"
    :key="item.id"
    :item="item"
  />
  </div>
</template>
```

在 displayItems 数组中循环遍历每一个 item 对象

给每一个 Item 组件分配一个唯一的键，注意你是在一个循环中访问一个 item 对象

将 item 作为一个 item prop 传递给 Item 组件

现在再次运行测试脚本 npm run test:unit。你会看到代码通过。恭喜，你已经完成新闻信息流的测试和代码编写了。

在进入下一个组件之前，我想花点时间谈谈测试 prop 时常见的一个陷阱。如果一不小心，你会被它绊倒。

3.5.2 避免测试 prop 过程中的陷阱

当你测试组件 prop 时，可能会被一个大陷阱所困住。如果一个组件未声明它要接收一个 prop，则 prop 不会被挑选并添加到这个 Vue 实例中。

对于一个接收 prop 的组件，该组件必须为它要接收的 prop 进行声明。如果你遵循 TDD 规范并且在完成子组件之前编写父组件测试，这可能会让你措手不及。例 3.13 在一个单文件组件中声明了一个 prop。

例 3.13 在一个单文件组件中声明一个 prop

```
<script>
export default {
  props: ['my-prop']
}
</script>
```

声明组件要接收名为 my-prop 的 prop

注释 你可以在 Vue 文档中详细了解如何声明已接收的组件 prop:http://mng.bz/ZZwP。

出于演示目的，打开 src/components/Item.vue 文件，删除 props 属性。如果再次运行测试，ItemList 测试将失败。在继续之前记得重新添加 props 属性，确保测试通过。

现在你已经完成了 Item 和 ItemList 组件的规格说明。但是如果运行开发服务器（npm run serve），你会发现组件尚未完成。如果这时你就向你的老板展示说："请看吧，我已经完成了所有的规格说明！"这将令人非常尴尬，因为该应用程序缺少它应有的样式和魅力。

要设置组件样式，你需要添加一些静态 HTML 和 CSS。问题是，HTML 和 CSS 不适用

于单元测试。添加 HTML 表达是一个迭代的过程，而且单元测试着实会减慢这个过程。样式的另一个关键部分是手动测试。除非你是 CSS 超级明星，否则你需要手动测试应用程序中的 HTML 和 CSS 样式是否正确。单元测试会阻碍这个过程。

在本书的后面部分，你将学习如何使用快照测试攻克静态 HTML 的手动测试问题。目前，你可以在没有任何测试的情况下为组件添加样式。这里最重要的一点是，你不需要对 HTML 表达进行单元测试。

你已经完成了新闻信息流的编写，不需要再编写更多的单元测试了。在继续第 4 章之前，你将为一个进度条组件编写测试，从而学习如何测试 class 和样式。

3.6 测试 class

对前端测试不熟悉的开发人员会提出这样一个问题：他们是否应该测试元素的 class。令人沮丧的是，答案取决于不同的情况。让我们看一个你应该测试元素的 class 的例子。

你的 Hacker News 应用程序要渲染一个进度条。ProgressBar 组件将指示页面正在加载。见图 3.4 中的例子。

图 3.4 过程中的进度条

以下是我尽全力为你梳理的规格说明和要求：

- 默认情况下应隐藏 ProgressBar。
- ProgressBar 宽度的初始值应该为 0%。

默认情况下，应隐藏 ProgressBar 组件中的根元素。你可以使用 hidden class 隐藏 ProgressBar，它会应用一个 CSS 规则来隐藏元素。

因此，要检查元素是否隐藏，你要测试组件根元素是否有一个 show class。可以使用 classes 包装器方法执行此操作。

使用 classes 方法

Vue Test Utils 中的 classes 包装器方法会在包装器根元素上返回一个 class 数组。你可以对数组进行断言，查看元素是否具有一个 class。测试将浅挂载 ProgressBar 组件并检查 classes 方法返回的数组是否包含 hidden。

classes 方法的返回值是一个数组。之前，你使用 toContain 匹配器检查一个字符串是否包含另一个字符串。toContain 匹配器比莱昂纳多 · 迪卡普里奥还要多才多艺。它不仅可以比较字符串值，还可以比较数组中的值。将例 3.14 代码添加到 src/components/_tests_/ProgressBar.spec.js。

例 3.14　使用 classes 方法测试一个 class

```
import { shallowMount } from '@vue/test-utils'
import ProgressBar from '../ProgressBar.vue'

describe('ProgressBar.vue', () => {
  test('is hidden on initial render', () => {
    const wrapper = shallowMount(ProgressBar)
    expect(wrapper.classes()).toContain('hidden')    <—— 检查根元素中是否有一个 class，其名称中包含“hidden”
  })
})
```

在运行 ProgressBar 组件测试之前，应该添加组件文件和一个简单的 <template> 代码块。这样，你可以在测试中挂载组件并获得一条断言错误信息。如果文件不存在，测试在尝试导入文件时将失败。如果你想要在测试失败时获得断言错误信息，你应该始终在运行单元测试之前创建一个小文件。

在 src/components/ProgressBar.vue 中创建一个文件，并添加一个空的 <template> 代码块，如下所示：

```
<template></template>
```

现在运行测试 npm run test:unit。测试将失败并抛出一条友好的断言错误。要使测试通过，你需要更新组件模板。将以下代码添加到 src/components/ProgressBar.vue：

```
<template> <div class="hidden" /> </template>
```

在继续之前，再次运行测试以检查测试是否通过：npm run test:unit。现在还剩一条 ProgressBar 规格说明：ProgressBar 宽度的初始值应为 0%。宽度将以内联样式添加，因此你需要了解如何测试内联样式。

3.7　测试样式

有时你不需要测试内联式 CSS 样式。通常样式测试没有价值，但你应该对某些情况下的内联样式编写测试：例如，你要动态添加一个内联样式。

你要编写的 ProgressBar 组件的宽度初始值需要为 0%，它会随着时间的推移而增加，以显示加载过程。在第 4 章中，你将添加控制组件的方法，如 start 和 finish。现在，你只需要测试宽度样式的初始值是否为 0%。

要测试内联样式，你需要直接访问包装器元素并获取样式属性值。

3.7.1　访问一个包装器元素

DOM 有一个丑陋出了名的 API。通常，你将使用库来进行抽象并使代码更具表达力，这是 Vue Test Utils 的优势之一，但有时你应该直接使用 DOM API。

要使用 DOM API 和 Vue Test Utils，你需要访问一个 DOM 节点。每个包装器都包含一个 element 属性，它是对包装器包含的 DOM 根节点的引用。你可以使用 element 属性访问元素的内联样式，如下所示：

```
wrapper.element.style.color
```

你编写的测试将检查包装器根元素的宽度样式值是否为 0%。要测试它，你将浅挂载组件并访问元素的 style 属性。打开 src/components/_tests_/ProgressBar.spec.js，并将例 3.15 测试代码添加到 describe 代码块中。

例 3.15　通过访问包装器元素测试 style

```
test('initializes with 0% width', () => {
  const wrapper = shallowMount(ProgressBar)
  expect(wrapper.element.style.width).toBe('0%')    <-- 检查包装器元素的内联式 width 属性
})
```

现在运行测试脚本 npm run test:unit。测试将失败，因为根元素没有 width 值。要通过测试，请将以下代码复制到 <template> 代码块中：

```
<template>
  <div
    class="hidden"
    :style="{
    'width': '0%'
  }" />
</template>
```

如果再次运行测试，测试将通过。太棒了，这些就是本章中你所要编写的测试内容。现在该谈一下如何样式化一个应用程序了。

3.7.2　向一个应用程序添加样式

样式是前端开发的重要部分。你可以编写世界上最好的 HTML，但如果没有 CSS，你的应用程序看起来将会很糟糕。

添加样式的过程涉及手动测试。在编写 CSS 之后，你需要在浏览器中检查样式是否已正确应用。如果你是一名优秀的开发人员，那么你可能会在多个设备和浏览器上测试它。

由于样式化应用程序涉及手动测试，因此仅检查静态元素的单元测试并没有意义。单元测试的一个好处是可以节省时间，因为无须手动检查代码。对于静态元素单元测试来说，编写所需要的时间远比它节省的时间要长。因此要节省你的时间，就不要为样式化编写单元测试！

本书是关于自动化测试的，因此手动测试样式化的内容不应包含在这里。话虽如此，但样式对于 Hacker News 应用程序很重要，所以章节 Git 分支包含已完全样式化的组件。在每章的开头，你可以切换到章节分支，以查看其中代码的样式。

现在已经完成了本章所有规格说明的代码编写。你学习了如何测试组件输出。在继续下一章之前，我想花一点时间谈谈何时应该为渲染组件输出编写测试。

3.8 何时测试渲染的组件输出

在测试中，少即是多。每个额外的单元测试都会增加测试代码与源代码之间的耦合关系。所以当你编写单元测试时，你需要比唐老鸭更吝啬。

定义 耦合是指代码模块之间的相互依赖。如果测试代码与源代码耦合，则意味着测试代码依赖于源代码的细节，而非代码的功能。

紧密耦合的代码会使重构变得困难，因为当你决定代码变更时，可能会在一个文件中破坏数十个测试。为避免这种情况，请在测试组件输出时记住以下原则：

- 仅测试动态生成的输出。
- 仅测试组件契约部分的输出。

通常，你应该只测试动态生成的输出。动态生成听起来非常正式，它的意思就是在组件中使用 JavaScript 生成一个值。例如，索引为 2 的 Item 组件可能包含使用组件索引生成的 class item-2。你应该为此编写一个测试，因为你要添加逻辑来生成 prop，逻辑很容易出错。

你还应该测试组件契约部分的输出。如果要测试内容是契约的一部分，那么牺牲代码的耦合性也是值得的。

单元测试的金发姑娘原则

编写单元测试是在编写足够测试与不要过度编写测试之间持续挣扎的过程。我称之为单元测试的金发姑娘原则——不要太多，不要太少，而是要刚刚好。数千个小型应用程序测试与没有测试的效果是一样的。

本书中，我将为你举例说明什么时候应该编写测试，什么时候不应该编写测试。我在本书中列出的规则并非一成不变，它们是一般原则。你应该逐个测试以决定是否应该为组件编写测试。

如果遵循这些规则，你将永远不会为表现元素和静态 CSS 类编写测试。你应该在不编写单元测试的情况下添加表现样式。

如果你想查看自己构建的内容，可以运行开发服务器：npm run serve。用浏览器打开 http://localhost:8080。应该看到一个很棒的用静态数据呈现的 Hacker News 应用程序。在第 4 章中，你将通过学习新的测试方法刷新该应用程序。

总结

1. 你可以使用 Vue Test Utils Wrapper 方法测试 DOM 属性、组件 prop、文本和 class。
2. find 和 findAll 的返回值是 Vue Test Utils 挂载组件渲染的输出中节点的包装器。
3. 对于组件输出测试，只有在输出是动态生成，或者输出是组件契约的一部分时，才应该进行。

练习

1. 在 src/components/__tests__/Item.spec.js 中编写一个测试，测试 Item 组件是否渲染了 item.score 和 item.author 值。当完成测试编写后，向 src/components/Item.vue 中添加代码，使测试通过。
2. 编写一个测试，检查下面的组件是否使用正确的 test-prop 值（some-value）渲染了 Child 组件：

```
// TestComponent.vue
<template>
  <div>
    <child testProp="some-value" />
  </div>
</template>

<script>
  import Child from './Child.vue'

  export default {
    components: { Child }
  }
</script>
// Child.vue
<script>
  export default {
    props: ['testProp']
  }
</script>
```

3. 编写一个测试，检查 <a> 标签的 href 属性值是否为 https://google.com：

```
// TestComponent.vue
<template>
  <div>
    <a href="https://google.com">Link</a>
  </div>
</template>
```

4. 编写一个测试，检查 <p> 标签中的 color 样式值是否为 red：

```
// TestComponent.vue
<template>
  <div>
    <p style="color: red">Paragraph</p>
  </div>
</template>
```

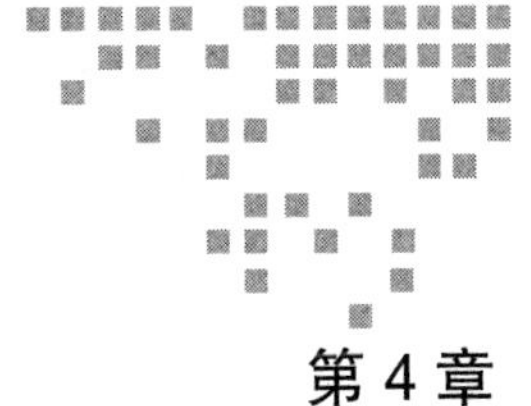

第 4 章 Chapter 4

测试组件方法

本章内容

- 测试组件方法
- 测试使用定时器功能的代码
- 使用 mock 测试代码
- 模拟模块依赖关系

一个没有方法的 Vue 应用程序就像没有水果的冰沙。方法包含为 Vue 组件添加功能的逻辑，并且这些逻辑需要被测试。

测试自包含的方法并不复杂。但是现实世界的方法通常具有依赖项，而测试有依赖的方法，会引入一个更复杂的环境。

依赖是指在被测代码单元控制之外的任何代码。依赖有多种形式。浏览器方法、被导入模块和被注入的 Vue 实例属性，这些都是你在本章中将要学习测试的常见依赖。

要学习如何测试方法及其依赖，你要向 Hacker News 应用程序中的 ProgressBar 组件添加 start 和 stop 方法（图 4.1）。这些方法将启动和停止进度条运行。为了使进度条的宽度随时间增加，组件将使用定时器功能，因此你需要学习如何测试使用定时器功能的代码。

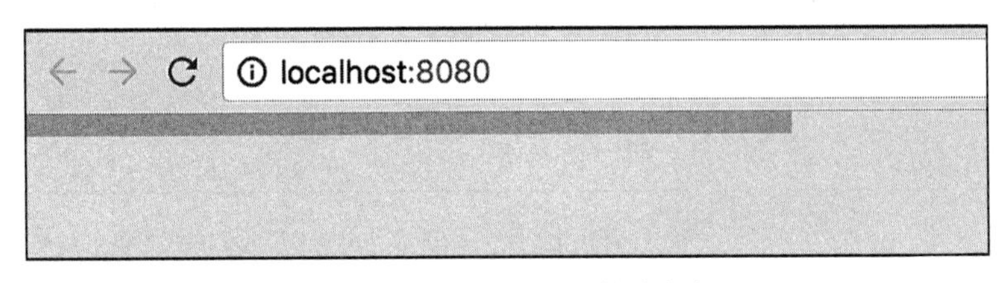

图 4.1　完成 80% 进程的进度条

将方法添加到 ProgressBar 组件之后，你将重构应用程序以获取 ItemList 组件中的数据并使用进度条指示数据正在获取中。这些任务会引入测试被调用函数、测试异步代码以及控制模块依赖行为（从一个模块导入到另一个模块的代码）等诸如此类的问题。

首先，你将从为 ProgressBar 方法编写测试开始。

4.1 测试公共组件和私有组件方法

在 Vue 中，你可以通过创建组件方法为组件添加功能。组件方法是编写逻辑的合适位置，这些逻辑对于组件模板来说过于复杂。

通常，组件在内部使用方法，例如在单击按钮时将消息记录到控制台，如例 4.1 所示。

例 4.1 单击时调用一个方法

```
<template>
  <button @click="logClicked" /> //    ◁— 当按钮被单击时调用 logClicked
</template>

<script>
export default {
  methods: {
    logClicked() { //    ◁— 定义 logClicked 方法
      console.log("clicked");
    }
  }
};
</script>
```

你可以将这些视为私有方法，它们一般不在组件外部被调用。私有方法是实现细节的，因此不用直接为它们编写测试。

如例 4.2 所示，可以创建一些被其他组件所使用的方法。你可以将这些视为公共方法。

例 4.2 创建一个公共方法

```
const vm = new Vue({    ◁— 创建一个带有 logHello 方法的 Vue 实例
  methods: {
    logHello() {
      console.log("hello");
    }
  }
});

vm.logHello()    ◁— 从外部组件调用 logHello 方法
```

在 Vue 中，公共方法不是一种常见的模式，但它们可以很强大。你应该习惯为公共方法编写测试，因为公共方法是组件契约的一部分。

注释 你正在操作的是第 3 章中编写的应用程序。如果你没有该应用程序，可以按照附录 A 中的说明签出 chapter-4 Git 分支。

在第 3 章中，你创建了一个 ProgressBar 组件。现在它只是一个静态组件，但在本章中，你将为它添加公共方法，从而可以通过应用程序的其他组件控制它。

ProgressBar 组件将有三种方法：start、finish 和 fail。start 方法将启动进度条，finish 方法将隐藏进度条，fail 方法将进度条置于一个 error 状态。

注释 为避免重复，在本章中你只需要实现 ProgressBar 的 start 和 finish 两个方法。我会将 fail 方法留在本章结束的练习中。你可以在 chapter-7 Git 分支中看到已完全实现的 fail 方法。

要为进度条编写测试，你需要学习如何测试公共方法以及如何为使用定时器功能的代码编写测试。

测试公共组件方法

测试公共方法的过程很简单：调用组件方法并断言方法调用正确地影响了组件输出。

想象一下，你有一个公开 hide 方法的 pop-up 组件。调用 hide 方法时，组件的 style.display 属性应设置为 none。要测试 hide 方法是否正常工作，你需要挂载组件，调用 hide 方法，并检查组件的 style.display 值是否为 none，代码如例 4.3 所示。

例 4.3 测试一个公共方法

```
test('is hidden when hide is called', () => {
  const wrapper = shallowMount(Popup)           // 挂载组件
  wrapper.vm.hide()                              // 组件实例调用 hide 公共方法
  expect(wrapper.element.style.display).toBe('none')   // 断言根元素包装器是否包含一个 display 为 none style
})
```

测试公共方法就是调用方法并断言组件输出是正确的。你为 ProgressBar 组件编写的测试将遵循此模式。

ProgressBar 的规格说明如下：

- start 被调用时，ProgressBar 应显示进度条。
- finish 被调用时，ProgressBar 的宽度值应为 100%。
- finish 被调用时，ProgressBar 应隐藏进度条。
- start 被调用时，ProgressBar 应重置宽度值。

这些测试非常简单，因为它们是自包含的方法，没有任何依赖。第一个测试将检查在调用 start 时 root 元素是否移除了 hidden class。你可以使用 Vue Test Utils 的 classes 方法和

Jest 的 not 修饰符来检查它是否没有 class。not 修饰符是对一个断言进行否定，如下所示：

```
expect(true).not.toBe(false)
```

你已经有一个测试可以检查进度条是否使用一个 hidden class 进行初始化。可以将这个测试替换为一个新的测试，检查进度条是否使用一个 hidden class 初始化，并在调用 start 时将 class 移除。将例 4.4 代码添加到 src/components/__tests__/ProgressBar.spec.js。

例 4.4 测试组件状态

```
test('displays the bar when start is called', () => {
  const wrapper = shallowMount(ProgressBar)
  expect(wrapper.classes()).toContain('hidden')        // 断言 hidden class 是否存在
  wrapper.vm.start()                                   // 调用组件实例的 start 方法触发测试输入
  expect(wrapper.classes()).not.toContain('hidden')    // 断言 hidden class 是否被移除
})
```

运行测试 npm run test:unit，测试会因为 start 不是函数而报错。这不是一个你能够理解且喜欢的友好错误信息，而是一个没有意义的 TypeError。

TypeError 不会帮助你解决失败的断言。你应该在你的单元测试代码中添加样板代码，从而让这种 TypeError 停止出现。在 src/components/ProgressBar.vue 组件选项中添加一个带有空方法对象的 <script> 代码块，如下所示：

```
<script>
export default {
  methods: {
    start() {},
    finish() {}
  }
}
</script>
```

现在使用 npm run test:unit 再次运行测试，检查断言错误信息是否是描述性的。当你看到断言错误时，可以将例 4.5 代码添加到 src/components/ProgressBar.vue 中，使测试通过。

例 4.5 ProgressBar.vue

```
<template>
  <div
    :class="{
    hidden: hidden          // 定义一个动态 hidden class，hidden 为 true 时会被添加到元素里
  }"
  :style="{
    'width': '0%'
  }"/>
</template>

<script>
export default {
```

```
  data() {
    return {
      hidden: true
    }
  },
  methods: {                          <-- 定义组件方法
    start () {
      this.hidden = false             <-- 在 start 方法中设置
    },                                    实例状态（state）
    finish() {}
  }
}
</script>
```

运行 npm run test:unit 检查测试是否通过。很棒，现在在调用 start 时，ProgressBar 根元素删除了 hidden class。接下来，你要测试调用 finish 时，进度条宽度值是否为 100% 并且被隐藏。这样进度条看起来就是完成加载后消失。

你将编写两个测试——一个用于检查进度条宽度值是否为 100%，一个用于检查 hidden class 是否被添加。你可以使用与之前测试同样的方式——调用方法，然后对渲染的输出进行断言。将例 4.6 代码添加到 src/components/__tests__/ProgressBar.spec.js。

例 4.6　测试公共方法

```
test('sets the bar to 100% width when finish is called', () => {
  const wrapper = shallowMount(ProgressBar)
  wrapper.vm.start()                         <-- 调用 start 方法，让组
  wrapper.vm.finish()                            件处于 dirty state
  expect(wrapper.element.style.width).toBe('100%')
})

test('hides the bar when finish is called', () => {    调用组件实例的 finish
  const wrapper = shallowMount(ProgressBar)            方法触发测试输入
  wrapper.vm.start()
  wrapper.vm.finish()
  expect(wrapper.classes()).toContain('hidden')
})
                                  断言元素的宽度值
                                  是否为 100%
```

检查测试是否因提示的断言错误而失败。要使测试通过，你需要使用 percent 值渲染宽度并在 finish 方法中重置状态（state）。

为此，你可以向组件添加一个 percent 属性并使用它来渲染宽度。在 src/components/ProgresBar.vue 中，使用以下代码更新 data 方法，使其返回 percent 为 0 的对象：

```
data() {
    return {
      hidden: true,
      percent: 0
    }
  },
```

在同一文件中，使用 percent 值更新 <template> 代码块中的宽度样式，如下所示：

```
'width': `${percent}%`
```

最后，用以下代码替换 src/components/ProgressBar.vue 中的 finish 方法：

```
finish() {
  this.hidden = true
  this.percent = 100
}
```

确保测试通过，再次运行 npm run test:unit。

现在你有一个将宽度值设为 100% 的 finish 方法，以及一个从 0% 开始运行组件的 start 方法。组件将在应用程序生命周期中多次启动和结束，因此调用 start 时应将 ProgressBar 重置为 0%。

你可以通过调用 finish 方法将宽度值设为 100%，然后调用 start 方法并断言宽度值被重置为了 0%。

将以下代码添加到 src/components/__tests__/ProgressBar.spec.js 的 describe 代码块中：

```
test('resets to 0% width when start is called', () => {
  const wrapper = shallowMount(ProgressBar)
  wrapper.vm.finish()
  wrapper.vm.start()
  expect(wrapper.element.style.width).toBe('0%') //
})
```

测试将失败，因为 finish 将宽度值设置为 100% 而 start 没有重置宽度值。要使测试通过，你需要更新 ProgressBar 的 start 方法。将以下代码添加到 src/components/ProgressBar.vue 的 start 方法中：

```
this.percent = 0
```

再次运行测试 npm run test:unit。测试将通过，很好。

这些是我喜欢的测试类型 – 小巧、独立、易于理解。这样的测试，可以让你自由地重构方法的实现，只要组件始终保持它的契约并生成正确的输出。

如你所见，这些类型的测试很简单：提供输入，调用方法，然后断言渲染输出。测试方法真正的复杂性在于方法具有依赖，例如定时器函数。要测试进度条的宽度随着时间的推移而增加，你需要学习如何测试定时器函数。

4.2 测试定时器函数

定时器函数包括 JavaScript 异步函数及它们的对应函数，如 setTimeout 和 clearTimeout。定时器函数是 JavaScript 应用程序中的常见功能，因此你需要能够测试使用它们的代码。但是定时器函数是实时运行的，这对于速度敏感的单元测试来说不是好消息。

注释　如果你对 setTimeout 之类的定时器函数不熟悉的话，我建议你阅读 Node 文档中的精彩介绍——https://nodejs.org/en/docs/guides/inderrs-in-node。

单元测试应该比尤塞恩 · 博尔特百米冲刺跑得快。一个单元测试的执行时间每多占用一秒就会使整个测试套件变得更糟，因此测试带有定时器功能的代码容易出现问题。想一想，如果要使用 setTimeout 测试组件在 500 ms 后执行某些操作，则需要在测试中等待 500 ms。这种延迟会影响测试套件的性能，通常测试套件是在几秒钟内完成数百次测试的。

在不减慢测试速度的情况下测试定时器函数的唯一方法是将定时器函数替换为同步运行的自定义函数。JavaScript 的一个最棒的功能（或者是最糟糕的，这取决于你要问的人！）是具有很大的可塑性。你可以轻松地重新分配全局变量，如下所示：

```
setTimeout = () =>{ console.log('replaced') }
```

你可以用与定时器行为类似的函数替换定时器函数，但是该函数是使用一个方法控制时间并同步运行定时器函数。这些为替换测试中现有的函数而创建的函数称为模拟函数。

用自己的模拟函数替换定时器函数会很复杂，但你可以使用库来为你实现。你正在使用的 Jest 测试框架是一个 kitchen sink 框架。它几乎包含了测试 JavaScript 所需的所有功能，无须访问其他库。一个有用的 Jest 功能就是假定时器。

4.2.1　使用假定时器

假定时器是替换全局定时器函数的模拟函数。没有假定时器，使用定时器函数的代码测试将会很可怕。

在 Hacker News 应用程序中，ProgressBar 组件将使用 setInterval 定时器函数随时间增加其宽度，因此你需要使用假定时器来测试它。

注释　setInterval 是一个以固定时间间隔执行回调函数的定时器函数。

你可以使用大量的库来模拟假定时器，但在本书中我将向你展示如何使用 Jest 假定时器。当你调用 jest.useFakeTimers 方法时，Jest 假定时器会替换全局定时器函数来工作。定时器被替换后，你可以使用 runTimersToTime 推进假时间，如例 4.7 所示。

注释　jest 对象是 Jest 在运行测试时添加的全局对象。jest 对象包括许多测试实用方法，如你在本章使用的假定时器。

例 4.7　使用假定时器

```
jest.useFakeTimers()                                   ◁ 用 Jest 实现替换全局定时器函数
setTimeout(() => console.log('100ms are up'), 100)     ◁ 100ms 后添加 setTimeout
```

```
jest.runTimersToTime(100) // logs 100ms are up
```
推动假时钟前进 100ms，促使 setTimeout 回调运行

在测试套件中使用假定时器最安全的方法是在每次测试运行之前调用 useFakeTimers。这样，定时器函数将在每次测试之前复位。

你可以使用 beforeEach 钩子函数在每次测试之前运行函数。这个钩子函数对于执行测试设置很有用。

因为要为使用定时器函数的代码编写测试，所以你应该在 ProgressBar 测试文件中添加一个 beforeEach 钩子函数以启用假定时器。将例 4.8 的代码添加到 src/components/__tests__/ProgressBar.spec.js 的 describe 代码块最前面。

例 4.8　在每个测试之前调用 useFakeTimers

```
beforeEach(() => {
  jest.useFakeTimers()
})
```
每个测试之前运行的函数

替换全局定时器函数

调用 start 方法后，进度条以每 100ms 增加 1% 的宽度显示加载。可以通过调用 ProgressBar start 方法测试它，然后推进假时间并断言宽度是按预期增加。你应该添加一些断言以确保时间正确递增。

将例 4.9 的代码添加到 src/components/__tests__/ProgresBar.spec.js 中的 describe 代码块中。

例 4.9　通过假定时器时间前进

```
test('increases width by 1% every 100ms after start call', () => {
  const wrapper = shallowMount(ProgressBar)
  wrapper.vm.start()
  jest.runTimersToTime(100)
  expect(wrapper.element.style.width).toBe('1%')
  jest.runTimersToTime(900)
  expect(wrapper.element.style.width).toBe('10%')
  jest.runTimersToTime(4000)
  expect(wrapper.element.style.width).toBe('50%')
})
```
推动全局时间前进 100ms，启动时间回调

断言包装器元素是否包含正确的样式

将时间再推进 900ms，注意推移的总时间是 1000ms

现在，运行测试并观察它失败，npm run test:unit。要使测试通过，需要在 ProgressBar start 方法中使用 setInterval。

你已经拥有使用 percent 属性设置根元素宽度的代码了。因此，只需将 start 方法更新为每 100 ms 更改一次 percent 值。你还将保存 setInterval 返回的定时器 ID，以便在后续的测试中停止 setInterval 方法运行。打开 src/components/ProgressBar.vue 并编辑 start 方法以包含例 4.10 所示代码。

例 4.10　在一个组件中使用一个定时器函数

```
start () {
  this.hidden = false
  this.percent = 0
  this.timer = setInterval(() => {      <-- 创建一个时间间隔，并将它保存为组件实例的一个属性，以便以后做引用
    this.percent++                      <-- 递增 percent 值
  }, 100)
}
```

现在进度条会随着时间的推移而增加！但仍然需要添加一个最终测试以确保在进度条停止运行时定时器被删除。

你可能想知道为什么在组件中保存调用 setInterval 的引用。这样在 finish 方法被调用时，你可以通过调用 clearInterval 来停止 setInterval 的运行。要测试 clearInterval 是否被调用，你需要学习如何使用 spy。

4.2.2　使用 spy 测试

当政府想要查找秘密信息时，会通过间谍。当开发人员想要查看有关函数的秘密信息时，我们会使用我们自己的间谍！

通常，当你测试的代码使用了你不能控制的 API 时，你需要检查 API 中的函数是否已被调用。例如，假设你正在浏览器中运行代码，并想要测试 window.clearInterval 是否被调用，你会怎么做？

一种方法就是使用 spy。很多库都有 spy 实现，但是因为你现在使用的是 Jest 的 kitchen sink，所以你可以用 jest.spyOn 函数创建一个 spy。spyOn 函数让你可以使用 toHaveBeenCalled 匹配器检查函数是否被调用，如例 4.11 所示。

例 4.11　使用一个 spy 测试 someMethod 是否被调用

```
jest.spyOn(window, 'someMethod')                <-- 创建一个 spy
window.someMethod ()
expect(window.someMethod).toHaveBeenCalled()    <-- 使用 toHaveBeenCalled 匹配器测试 spy 是否被调用
```

在 ProgressBar 组件中，当 finish 方法被调用时，你应该使用从原始 setInterval 调用返回的定时器 ID 调用 clearInterval。这样可以清除定时器并阻止潜在的内存泄漏。

这里提出了两个问题。首先，如何测试函数是否是带参数被调用？在这里，spy 可以

帮到你。你可以使用 toHaveBeenCalledWith 匹配器测试 spy 是否带指定参数被调用，如下所示：

```
expect(window.someMethod).toHaveBeenCalledWith(123)
```

接下来的问题是，如何知道应该用什么值调用 clearInterval？为此，你需要控制 setInterval 的返回值。mockReturnValue 函数可以配置假定时器函数的返回值，因此你可以将 setInterval 返回值配置成任何一个你想要的值，如下所示：

```
setInterval.mockReturnValue(123)
```

在你的测试中，你将配置一个 setInterval 的返回值。然后你将窥探 clearInterval，调用 finish 方法，并检查组件是否使用 setInterval 的返回值调用了 clearInterval。将例 4.12 代码复制到 src/components/_tests_/ProgressBar.spec.js 中。

例 4.12 使用 jest.spyOn 测试 clearInterval

```
test('clears timer when finish is called', () => {
  jest.spyOn(window, 'clearInterval')                            // 窥探 clearInterval 函数
  setInterval.mockReturnValue(123)                               // 配置 setInterval 返回值为 123
  const wrapper = shallowMount(ProgressBar)
  wrapper.vm.start()                                             // 调用 start 函数启动定时器
  wrapper.vm.finish()
  expect(window.clearInterval).toHaveBeenCalledWith(123)         // 断言是否使用 setInterval 的返回值调用 clearInterval 模拟
})
```

这种测试让我感到不舒服。你必须使用方法来控制函数的行为，这意味着你已经对一个函数的工作方式做出了假设。测试中的假设越多，生产代码失败的几率就越大。确实，有时除了做假设，没有其他方法可以测试外部方法，但每次这样做时你都应该感到有点愧疚。在你的测试中，要将假设保持在最低限度。

现在运行 npm run test:unit，确定测试失败并抛出断言错误。你可以在 finish 方法中使用定时器 ID 调用 clearInterval 以通过测试。打开 src/components/ProgressBar.vue，并将例 4.13 代码添加到 ProgressBar 的 finish 方法中。

例 4.13 ProgressBar.vue

```
finish () {
  this.percent = 100
  this.hidden = true
  clearInterval(this.timer)                 // 使用 this.timer 变量值（定时器 ID）清除 setInterval timeout
}
```

运行测试 npm run test:unit。很棒，ProgressBar 组件完成了。现在，可以对其进行配置，以便应用程序中的其他组件可以通过调用 start 和 finish 方法运行 ProgressBar 组件。可以通过将已挂载的 ProgressBar 添加为 Vue 实例属性来实现。

4.3　向 Vue 实例添加属性

Vue 中常见的一种模式是向 Vue 基础构造函数添加属性。将属性添加到 Vue 构造函数后，每个子实例都可以访问这些属性。你可以通过向 Vue 构造函数的 prototype 添加属性来实现为 Vue 实例添加属性，如例 4.14 所示。

定义　一个对象的 prototype 属性是用于在 JavaScript 中实现继承的。原型（prototype）继承这个话题太大，没办法在本书中进行教授。如果你想了解基于原型的继承，可以阅读 MDN 指南——http://mng.bz/1daY。

例 4.14　向 Vue prototype 添加一个实例属性

```
Vue.prototype.$instanceProperty = 'hello'      ← 向 Vue 构造函数的 prototype 添加一个属性

const ChildComponent = {                       ← 一个子组件将访问 $instanceProperty
  template: '<p>{{$instanceProperty}}</p>'
}

new Vue({
  el: '#app',
  render: h => ChildComponent
})
```

你将使用一个很聪明的技巧，将已挂载的 ProgressBar 组件实例作为 $bar 实例属性添加。这样，应用程序中的每个组件都可以通过调用 $bar.start 启动 ProgressBar，通过调用 $bar.finish 停止 ProgressBar。

提示　在 Vue 中，为方法添加一个美元符号（$）前缀是一种惯例。这是为了避免与本地实例的 state 值存在命名冲突。

你应该在 main.js 中删除数据获取逻辑，并在 ItemList 组件中重新实现。用例 4.15 代码替换 src/main.js 中的代码。

例 4.15　向 prototype 添加一个 Vue 实例

```
import Vue from 'vue'
import App from './App'
import ProgressBar from './components/ProgressBar'

Vue.config.productionTip = false

const bar = new Vue(ProgressBar).$mount()      ← 创建一个已挂载的 ProgressBar 实例
Vue.prototype.$bar = bar                       ← 向 Vue 构造函数的 prototype 添加已挂载的 ProgressBar，使子组件实例可以对其访问
document.body.appendChild(bar.$el)             ← 在 Document<body> 添加 ProgressBar 组件根元素

new Vue({                                      ← 使用 #app 作为根元素创建一个新的 Vue 实例
  el: '#app',
  render: h => h(App)
})
```

使用 main.js 中的新代码，你正在创建一个独立的 ProgressBar 组件的 Vue 实例并将其添加到 Vue 基础构造函数的 prototype 中。现在，你可以编写代码测试应用程序中的其他组件是否可以调用 ProgressBar 方法。

现在是时候揭露单元测试的缺点了。在命令行中执行 npm run test:unit，运行单元测试。测试都通过了。但问题是，你的应用程序现在完全被破坏了！

如果你运行开发服务器，你将看到该应用程序没有渲染任何项目。这是单元测试的问题。虽然单元测试告诉你单元代码独立工作正常，但是你不知道它们接入到生产环境时是否仍然可以工作。本书的最后有一套补充单元测试的端到端测试套件，可以避免你遭受这样的问题，但现在你只需要明白不能只依靠单元测试就可以了！

让我们继续吧。按计划你需要重新编写 ItemList 组件以获取数据，并在获取数据时设置进度条的运行状态。要为这个功能编写测试，你需要学习如何使用 mock 进行测试。

4.4 模拟代码

生产代码可能很乱。它可以进行 HTTP 调用，打开数据库连接，并制造复杂的依赖树。在单元测试中，你可以通过模拟代码忽略所有这些问题。

简单来说，模拟代码是用你可控制的代码替换你不可控制的代码。如下是模拟代码的三个好处：

1. 你可以在测试中停止类似 HTTP 调用这样的副作用问题。
2. 你可以控制函数的行为和返回值。
3. 你可以测试函数是否被调用。

之前为使用定时器函数的代码编写了测试。你没有使用原生定时器函数，而是使用 Jest 模拟的可控函数来替换原生函数。换句话说，你使用 Jest 模拟了定时器函数。

在本节中，你将通过重构 ItemList 组件获取 Hacker News 数据及运行进度条的内容，学习如何在测试中模拟代码。你要编写的第一个测试将检查 ItemList 是否调用实例属性 $bar 的 start 方法。要编写该测试，你需要学习如何模拟 Vue 实例属性。

4.4.1 模拟组件中的 Vue 实例属性

在 Vue 中为 Vue 原型添加属性是一种常见模式。如果组件使用实例属性，则实例属性将成为组件的一个依赖项。

在你的应用程序中，你将已挂载的 ProgressBar 作为 $bar 实例属性，供所有组件实例使用。这样是可以的，因为在底层实现中，所有组件实例都是使用 Vue 基础构造函数创建的。

在测试中你可以直接挂载组件。main.js 入口文件未运行，因此 $bar 永远不会作为实例属性被添加（图 4.2）。我将这种情况称之为漏桶问题。当你的组件使用 Vue 实例属性时，它就像一个带孔的桶。如果你在测试中挂载组件，你需要为其添加所需属性，否则桶将泄漏，你将收到错误。

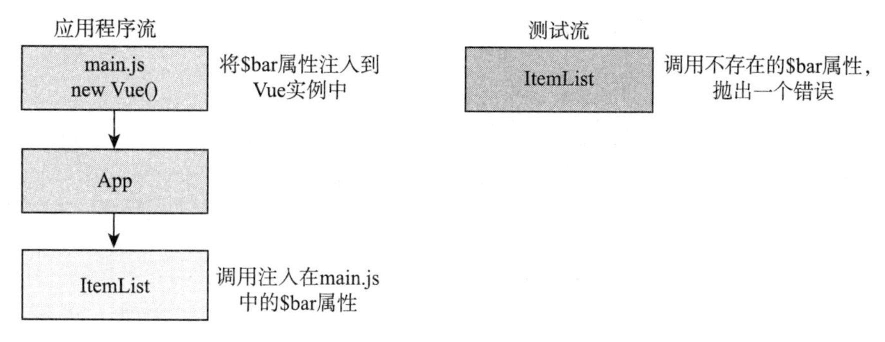

图 4.2　在 Vue 实例树中注入一个属性

要解决漏桶问题，你需要在加载组件到测试之前先为 Vue 实例添加属性。可以使用 Vue Test Utils mocks 选项来实现，如例 4.16 所示。

例 4.16　使用 mocks 选项注入一个实例属性

```
shallowMount(ItemList, {
  mocks: {
    $bar: {
      start: () => {}
    }
  }
})
```

mocks 选项可以使控制实例属性变得很轻松。你只要确保在运行测试之前，使用它来给漏洞打补丁。

现在你已经知道如何在测试中模拟 $bar，接下来要做的是弄清楚如何测试 $bar.start 函数是否被调用。实现的方法是使用 Jest mock 函数。

4.4.2　了解 Jest mock 函数

有时你需要在测试中检查函数是否被调用，那么你可以使用可记录自身信息的模拟函数替换该函数。

让我们看一个 mock 函数的简单实现。mock 函数有一个调用数组，用于存储函数调用的详细信息。每次调用该函数时，它都会将调用它的参数推送到调用数组中，如例 4.17 所示。

例 4.17　存储函数调用

```
const mock = function(...args) {
  mock.calls.push(args)          <-- 向调用数组推送参数
}
mock.calls = []                  <-- 初始化调用数组
mock(1)
mock(2,3)
mock.calls // [[1], [1,2]]       <-- 调用被存储到一个数组中
```

你可以为 mock 函数添加许多很酷的功能，但是如果有其他解决方案时自己编写 mock 函数是没有意义的。Jest kitchen-sink 包含一个 mock 函数实现。可以通过调用 jest.fn 来创建 mock 函数，如例 4.18 所示。

例 4.18　使用一个 Jest mock 函数

```
const mockFunction = jest.fn()          <-- 创建一个 mock 函数
mockFunction(1)
mock(2,3)
mockFunction.mock.calls // [[1], [1,2]]  <-- 访问函数调用
```

你可以将 Jest mock 函数与 Jest 匹配器结合使用，从而编写表达式测试，如下所示：

```
expect(mockFunction).toHaveBeenCalled()
```

你可能认出了那个匹配器。之前使用它来测试过是否调用了被窥探的 clearInterval 函数。在底层实现中，jest.spyOn 和 jest.useFakeTimers 使用 Jest mock 函数。jest.fn 只是创建 Jest mock 函数的另一种接口。

有了 Jest mock 函数，你可以开始编写一些测试了。你可以使用一个 mock 函数挂载带有一个 $bar 对象的 ItemList 组件，以便检查 ItemList 组件在挂载时是否设置进度条的运行状态，如下所示：

```
const $bar = {
  start: jest.fn()
}
```

然后你可以使用 Jest 的 toHaveBeenCalledTimes 匹配器断言 start 是否被调用。将例 4.19 代码添加到 src/views/__tests__/ItemList.spec.js 中的 describe 代码块。

例 4.19　使用一个 Jest mock 存根函数

```
test('calls $bar start on load', () => {
  const $bar = {                        <-- 创建一个假的 $bar 对象
    start: jest.fn(),                   <-- 使用 jest.fn 方法创建一个 jest mock
    finish: () => {}
  }
  shallowMount(ItemList, {mocks: { $bar }})            <-- 使 $bar 在 ItemList 作为 this.$bar 可用
  expect($bar.start).toHaveBeenCalledTimes(1)          <-- 使用 toHaveBeenCalledTimes 匹配器检查 $bar.start 是否被调用
})
```

运行 npm run test:unit 时，测试将失败并给出一个很好的断言错误。要在挂载组件时调用 start 并通过测试，你需要了解 Vue 生命周期钩子。

4.4.3　使用 Vue 生命周期钩子

Vue 生命周期钩子是内置的、在组件生命周期中运行的可选功能。生命周期钩子就像

指令一样。当组件运行时，它会查找在某些阶段需要执行的操作说明，如果存在，则执行它们。

注释 你可以在Vue网站上阅读所有生命周期钩子的详细图表，http://mng.bz/wE2P。

要确保ItemList组件在挂载时启动进度条，你将使用beforeMount钩子。相信你猜对了，这个钩子在组件挂载前运行。

在你的应用中有一个失败的测试，是在4.3节中添加的。它是测试ItemList在挂载组件时是否调用了$bar.start。可以通过添加beforeMount钩子使测试通过。

打开src/views/ItemList.vue并添加一个在组件选项对象中调用$bar.start的beforeMount函数。如例4.20所示。

例4.20 使用beforeMount生命周期事件

```
beforeMount () {
  this.$bar.start()
}
```

运行测试命令npm run tes:unit。现在测试通过了，但之前的一个测试又失败了！这就是漏桶问题——之前的测试试图在$bar.start不存在时调用它。解决方案是在受损的测试中使用start方法传入一个$bar对象。在4.5节中，你将更新这个受损的测试以更改其接收数据的方式，从而修复损坏的测试。

现在，当你的应用启动时，进度条将会启动。这样做的目的是使用户可以看到应用程序正在加载数据。下一步是真实加载Hacker News数据。你将在ItemList组件中执行此操作。记住，你是通过调用API文件中的函数来获取Hacker News数据的。要测试你是否在ItemList组件中调用了API函数，你需要了解如何模拟导入的模块依赖。

4.5 模拟模块依赖

试图将一个单元隔离开进行测试可能就像从地面移除一株植物一样，将植物拉出来后，你看到的只是植物的根系缠绕在其他植物周围。也就是说，在你发现之前，你已经拉动了半个花园。

当一个JavaScript文件导入另一个模块时，被导入的模块将成为一个模块依赖。大多数情况下，在单元测试中有模块依赖是好事，但是如果该模块依赖有副作用，比如发送HTTP请求，则可能会导致问题。

模拟模块依赖是将导入的模块替换为另一个对象的过程。它是你的测试工具腰带中的一个有用的工具。

在你的代码中，你将要获取ItemList组件中的数据。ItemList将调用src/api/api.js导出的 fetchListData 函数。fetchListData 函数向一个外部 Hacker News API 发送请求（图 4.3）。

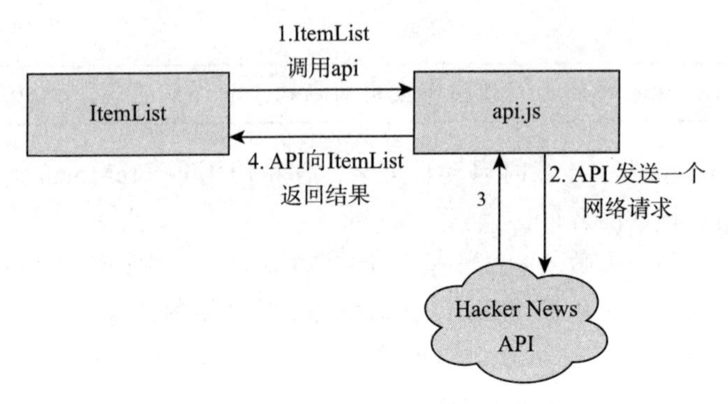

图 4.3 从一个文件导入另一个方法

HTTP 请求不在单元测试范围。它们会降低单元测试的速度，并且妨碍单元测试的可靠性（HTTP 请求永远不会 100% 可靠）。你需要在你的单元测试中模拟 api.js 文件，从而让 fetchListData 永远不会发送一个 HTTP 请求（图 4.4）。

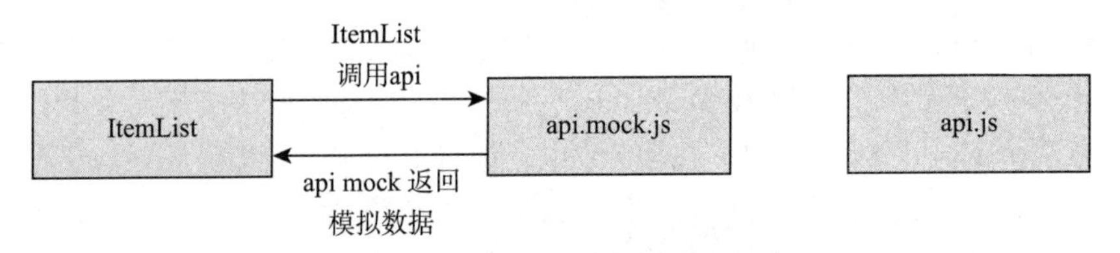

图 4.4 存根一个文件导入

你可以通过几种方式存根文件，一种方法是使用 Jest spies，如例 4.21 所示。

例 4.21 模拟一个模块依赖

```
import * as api from '../../api/api'

jest.spyOn(api, 'fetchListData')

api.fetchListData.mockImplementation(() => Promise.resolve([])) //
```

- import 注释：在一个 api 对象上导入 api 导出。为了使用 jest.spyOn 函数，你需要将函数作为一个对象导入
- jest.spyOn 注释：在 Jest mock 函数中替换 fetchListData
- mockImplementation 注释：变更 fetchListData 实现

这很好，但根据 JavaScript 规范，例 4.21 中的代码是无效的。使用 ES 模块，是不能重新分配导入的模块值的。因此，你需要寻找另一种方式。

幸运的是，另一种方式是存在的。Jest 有自己的模块解析器，你可以通过它配置你想要返回的文件。

注释　模块解析器是一个查找文件并使该文件可用于其他文件的函数。在 JavaScript 中通常使用 node 模块解析器。你可以在 node 文档中阅读有关 node 模块系统的内容，网址为 http://mng.bz/qB1r。

让我们使用 Jest mock 系统来模拟模块依赖关系并编写测试吧。

4.5.1　使用 Jest mock 模拟模块依赖

Jest 提供了一个 API，用于选择当一个模块导入另一个模块时返回哪些文件或函数。要使用此功能，你需要创建一个 Jest 应该解析的 mock 文件，而不是被请求文件。mock 文件将包含你希望测试使用的函数，而不是真正的文件函数。

想象一下，你想模拟一个名为 http-service.js 的文件，它可以导出一个 fetchData 函数，如下所示：

```
export function fetchData() {
  return fetch('https://example.com/data')
}
```

fetch 发送一个你不想要的 HTTP 请求。因此，你可以创建一个导出 fetchData mock 函数的 mock 文件，如下所示：

```
export const fetchData = jest.fn()
```

你可以通过将文件添加到 __mocks__ 目录来创建一个 mock 文件，文件名称与你要模拟的文件名称相同。例如，要模拟 api.js 文件，你将创建一个导出 fetchListData mock 函数的 src/api/__mocks__/api.js 文件。

可以通过调用 jest.mock 函数告诉 Jest 模拟文件，如下所示：

```
jest.mock('./src/api.js')
```

调用此函数后，当模块导入 src/api/api.js 时，Jest 将使用你创建的 mock 文件而不是原始文件进行解析。

是时候创建你自己的 mock 文件了。在 src/api 目录中添加 __mocks__ 目录，并创建一个名为 api.js 的文件（完整路径：src/api/__mocks__/api.js）。在该文件中，你将导出一个 fetchListData mock 函数。该 mock 函数应该返回一个用数组进行解析的 promise，因为真正的 fetchListData 函数也会返回一个带有数组项的 promise。

默认情况下，使用 jest.fn 创建的 Jest mock 函数是无操作函数，即它们不执行任何操作。你可以通过调用 jest.fn 将 mock 函数的实现设置成期望的函数实现。例如，你可以创建一个始终返回 true 的 mock 函数，如下所示：

```
jest.fn(() => true)
```

将例 4.22 代码添加到 src/api/__mocks__/api.js 中。

例 4.22 创建一个 mock 文件

```
export const fetchListData = jest.fn(() => Promise.resolve([]))
```

将 fetchListData 设为 Jest mock 函数，返回一个被解析 promise

现在你有了一个 mock 文件，可以为从 api 文件调用 fetchListData 函数的代码编写测试了。这些测试将是异步的，因为即便在它们被模拟时，promise 仍然是异步运行的，因此你需要学习测试异步代码。

4.5.2 测试异步代码

异步代码需要一些谨慎的测试。我以前看过它咬人，而且它还会再次咬人。幸运的是，如果你正在使用 promise 或 async/await 函数，编写异步测试就很容易了！

定义 async/await 函数可以用貌似同步的方式编写异步代码。如果你不熟悉 async/await，你可以在这篇博文阅读相关内容（https://javascript.info/async-await）。

想象一下，你正在测试一个返回 promise 的 fetchData 函数。在测试中，你需要测试 fetchData 返回的已解析数据。如果你使用 async/await，则可以将测试函数设置为异步函数，告知 Jest 期望一个断言，并在测试中使用 await，如例 4.23 所示。

注释 在异步测试中设置断言数量的原因是为了确保在测试结束之前执行完所有断言。

例 4.23 编写一个异步测试

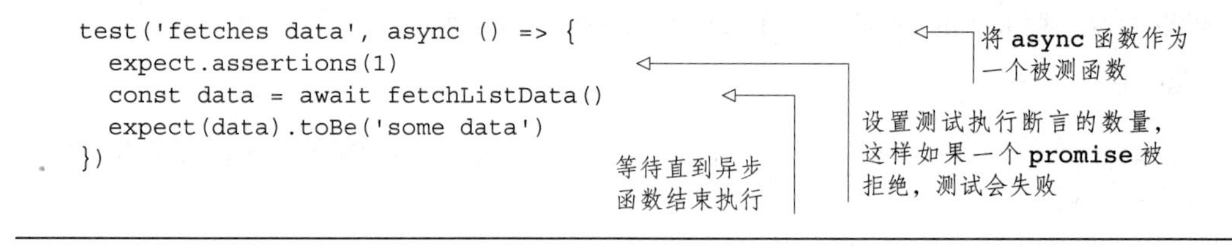

注释 如果你正在测试的函数使用回调，则需要使用 done 回调。你可以在 Jest 文档中阅读如何执行此操作，网址为 http://mng.bz/7eYv。

但是，当你测试调用异步代码的组件时，你并不总是可以访问需要等待的异步函数。这意味着你不能在测试中使用 await 来等待异步函数结束。这是一个问题，因为即使函数返回了一个已解析的 promise，then 回调也不会同步运行，如例 4.24 所示。

例 4.24 测试一个 promise

```
test('awaits promise', async () => {
  expect.assertions(1)
```

```
  let hasResolved = false
  Promise.resolve().then(() => {        <-- then 回调中 hasResolved 为 true 的 promise
    hasResolved = true
  })

  expect(hasResolved).toBe(true)        <-- 因为 then 回调没有运行，hasResolved 仍然为 false，所以断言失败
})
```

但是不要害怕，你可以使用 flush-promises 库等待 then 回调实现运行，如例 4.25 所示。

例 4.25　Flushing promise

```
test('awaits promises', async () => {
  expect.assertions(1)
  let hasResolved = false
  Promise.resolve().then(() => {        <-- 在 then 回调中将 hasResolved 设置为 true 的已解析 promise
    hasResolved = true
  })
  await flushPromises()                 <-- 等待所有 promise 回调运行。如果你删除此行，测试将失败，因为在测试结束前 hasResolved 不会运行

  expect(hasResolved).toBe(true)
})
```

注释　如果你想了解 flush-promises 的工作原理，需要理解微任务队列和任务队列之间的区别。这是非常技术性的问题，本书不要求掌握。如果你感兴趣，可以先从阅读 Jake Archibald 的博文开始，网址为 https://jakearchibald.com/2015/tasks-microtasks-queues-and-schedules。

整本书中，你都将使用 flush-promises 在异步测试中等待 promise，因此你需要将它作为一个开发依赖进行安装。在命令行中运行以下命令：

```
npm install --save-dev flush-promises
```

回顾完异步测试和模拟模块依赖的内容后，你已经可以使用这些技能来编写异步测试了。以防你忘记，我在这里提示一下，你将要做的是将数据获取逻辑移到 ItemList 组件中。在添加新测试之前，你将重构现有测试以使用 fetchListData，而不是在 window.items 上设置数据。

需要做的第一件事是告诉 Jest 使用你创建的 mock api 文件。将例 4.26 代码添加到 src/views/__tests__/ItemList.spec.js 文件的开始位置。

例 4.26　使用 Jest 模拟一个模块依赖

```
jest.mock('../../api/api.js')
```

为了等待挂起的 promise，你需要导入 flush-promises。还需要导入 fetchListData mock 函数来配置它返回的内容。在 src/views/__tests__/ItemList.spec.js 文件中现有的 import 声明

下面添加以下代码：

```
import flushPromises from 'flush-promises'
import { fetchListData } from '../../api/api'
```

现在，你可以使用 fetchListData 重构现有的测试了。使用例 4.27 代码替换现有的 renders an Item with data for each item in window.items 测试代码。

例 4.27　在测试中存根一个模块依赖

```
test('renders an Item with data for each item', async () => {
  expect.assertions(4)
  const $bar = {
    start: () => {},
    finish: () => {}
  }
  const items = [{ id: 1 }, { id: 2 }, { id: 3 }]
  fetchListData.mockResolvedValueOnce(items)
  const wrapper = shallowMount(ItemList, {mocks: {$bar}})
  await flushPromises()
  const Items = wrapper.findAll(Item)
  expect(Items).toHaveLength(items.length)
  Items.wrappers.forEach((wrapper, i) => {
    expect(wrapper.vm.item).toBe(items[i])
  })
})
```

定义 4 个断言，如果一个 promise 被拒绝，测试会失败

添加一个带有 finish 和 start 函数的 $bar mock。当你在以后的测试中使用 finish 函数时，这个测试不会报错。

配置 fetchListData 解析 items 数组

等待 promise 回调运行

现在测试将因一个断言错误而失败。在使测试通过之前，你将添加新测试以确保进度条的方法在数据加载成功和失败时会被正确调用。

第一个测试将检查数据解析时 $bar.finish 是否使用了同样的 flush-promises 技术被调用。你不需要模拟 fetchListData 的实现，因为你在 mock 文件中使用空数组设置它解析。

将例 4.28 测试代码添加到 src/views/__tests__/ItemList.spec.js 中的 describe 代码块。

例 4.28　在测试中使用 flush-promises

```
test('calls $bar.finish when load is successful', async () => {
  expect.assertions(1)
  const $bar = {
    start: () => {},
    finish: jest.fn()
  }
  shallowMount(ItemList, {mocks: {$bar}})
  await flushPromises()

  expect($bar.finish).toHaveBeenCalled()
})
```

等待挂起的 Promise 回调

断言 mock 是否被调用

输入命令 npm run test:unit，运行测试。确保你看到一个断言错误。异步测试最可能引

发误报。在没有 Jest expect.assertions 调用情况下，如果一个断言在一个异步操作中，但测试并不知道它是异步的，那么测试将通过，因为断言从未执行过。

在看到断言错误后，你可以更新 ItemList 从而使测试通过。打开 src/views/ItemList.vue，并将 <script> 代码块内容替换为例 4.29 代码。

例 4.29 ItemList.vue

```
<script>
import Item from '../components/Item.vue'
  import { fetchListData } from '../api/api'      // 从 api 文件导入方法

export default {
components: {
    Item
  },
  beforeMount () {
    this.loadItems()                               // 在组件挂载前调用 loadItems 方法
  },
  data () {
    return {
      displayItems: []                             // 把默认的 displayItems 设置为空数组
    }
  },
  methods: {
    loadItems () {                                 // 声明 loadItems 函数
      this.$bar.start()                            // 调用 ProgressBar 的 start 方法启动进度条运行
      fetchListData('top')                         // 为 Hacker News 的 top list 获取项目
      .then(items => {
        this.displayItems = items                  // 把组件的 displayItems 设置为返回的 Items
        this.$bar.finish()
      })
    }
  }
}
</script>
```

这是一个较大的重构。运行 npm run test:unit，确保测试通过。

本章的最后一个测试将检查 $bar.fail 是否在 fetchListData 函数不成功时被调用（即使它在 ProgressBar 组件中尚未实现！）。你可以通过模拟 fetchListData 返回一个被拒绝的 promise 来测试这一点。将例 4.30 代码添加到 src/views/__tests__/ItemList.spec.js 的 describe 代码块中。

例 4.30 模拟拒绝函数

```
test('calls $bar.fail when load unsuccessful', async () => {
  expect.assertions(1)
  const $bar = {
    start: () => {},
    fail: jest.fn()
  }
  fetchListData. mockRejectedValueOnce()           // 当 fetchListData 调用时拒绝，从而可以测试失败的情况
```

```
    shallowMount(ItemList, {mocks: {$bar}})
    await flushPromises()

    expect($bar.fail).toHaveBeenCalled()     <-- 断言 mock 是否被调用
  })
```

如果运行测试，你将看到测试因断言未被调用而失败。这是因为你使用 expect.assertions（1）告知 Jest 应该有一个断言。当 fetchListData 返回一个 promise 时，导致测试抛出一个错误，并且断言从未被调用。这就是为什么在异步测试中你应该始终定义期望的断言数量。

你可以向 ItemList 的 fetchListData 调用添加一个 catch 处理器使测试通过。打开 src/views/ItemList.vue，将 loadItems 更新为包含一个 catch 处理器的方法，如下所示：

```
loadItems () {
  this.$bar.start()
  fetchListData ('top')
  .then(items => {
    this.displayItems = items
    this.$bar.finish()
  })
  .catch(() => this.$bar.fail())
}
```

恭喜，你已将数据获取逻辑移至 ItemList 组件！在你像刚获得驾驶执照的驾驶员一样，带着新学习的模拟知识驶向世界之前，我需要告知你如何负责任地使用 mock。

4.5.3 适度使用 mock

拥有权利的同时也就被赋予了重大的责任。模拟是一种测试超能力，但你需要小心地使用 mock。

你已经了解如何通过不同方式使用 mock：控制一个函数的返回值，检查函数是否被调用，以及阻止 HTTP 请求这样的副作用。这些都是模拟的很好的例子，因为在没有模拟的情况下很难对它们进行测试。但是，模拟应该始终是最后的选择。

模拟增加了一个测试和生产代码之间的耦合，同时也增加了测试所做的假设。在一个测试中，每多一个 mock 就会给测试代码和生产代码的不同步创造新的机会。

模拟模块依赖是最棘手的模拟形式。你应该只模拟副作用是减慢测试速度的文件。常见的减慢测试速度的副作用如下：

- HTTP 调用
- 连接数据库
- 使用文件系统

我不是在告诉你不要使用 mock。我只是想提醒你，它们有潜在的危险。这样当你在未来的测试中过度使用 mock 时，你也不会生我的气！

在第 5 章中，你将学习如何在 Vue 中测试事件。你将基于在本章中学到的技术，包括使用 mock，来测试一个交互式电子邮件注册表单。

总结

- 通过调用组件并断言组件输出，可以很容易地测试没有依赖关系的公共方法。
- 可以使用 Jest 假定时器模拟定时器函数来测试使用定时器函数的代码。
- 可以使用 Jest spies 和 Jest mock 函数测试依赖是否被调用。
- 可以使用 mock 函数来控制一个依赖的返回值。
- 可以使用 Vue Test Utils mocks 选项模拟 Vue 实例属性。
- 可以使用 Jest mock 方法来更改一个 Jest mock 函数的行为。
- 可以使用 jest.mock 模拟模块依赖。

练习

1. 本章中，你在 ProgressBar 组件中测试了 finish 和 start 方法，但是没有编写一个 fail 方法。你是否可以编写一个测试来检查 fail 被调用后，ProgressBar 根元素是否添加了一个 error class？将测试代码添加到 src/components/__tests__/ProgressBar.spec.js 中。
2. 你是否可以编写一个测试来检查 fail 被调用后，ProgressBar 根元素的 width 的属性值是否为 100%？将测试代码添加到 src/components/__tests__/ProgressBar.spec.js 中。

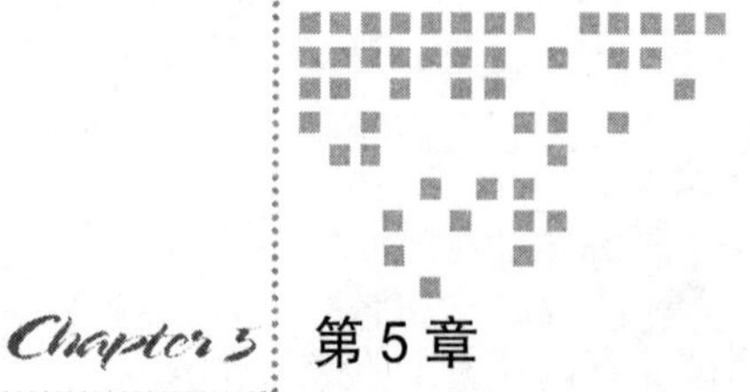

Chapter 5 第5章

测试事件

本章内容

- 测试原生 DOM 事件
- 测试自定义 Vue 事件
- 测试输入元素

如果说金钱能够让世界运转起来，那么事件就能使网络应用运转起来。没有事件，网站将是静态 HTML 页面，只有通过事件，网站才可以成为强大的响应用户交互的应用程序。

在 Vue 应用程序中，你将遇到两种类型的事件：原生 DOM 事件和自定义 Vue 事件。在本章中，你将了解这两种类型的事件以及如何测试它们。

到目前为止，在本书中你已经为 Hacker News 应用程序组件编写了单元测试。Hacker News 应用程序是一个很好的真实应用程序的例子。但是有一个问题——它不使用任何事件！

事件是大多数 Vue 应用程序的重要组成部分，在你称自己为测试大师之前，你应该知道如何测试事件。在本章中，你需要先从 Hacker News 应用程序抽离一下，取而代之的是编写一个弹出式电子邮件订阅表单。你知道，当你的鼠标离开页面时就会出现这样的表单并询问你是否订阅更多内容，见图 5.1。

订阅表单将由三个组件构成：模态框（Modal）组件、表单（Form）组件和应用程序（App）组件。在项目的 starter 分支中已经为每个组件准备了一些代码。

注释 要学习本章，你需要克隆 chapter-5 项目并签出 starter 分支。你可以在附录 A 中找到相关说明。

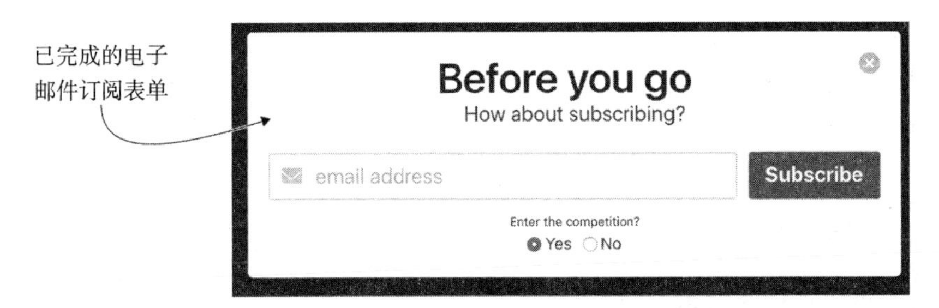

图 5.1 将要在本章中创建的弹出式电子邮件订阅表单

本章的第一部分是关于测试原生 DOM 事件的。要学习如何测试 DOM 事件，你要为模态框组件编写测试。

本章的第二部分，你要使用 Vue 自定义事件重构模态框组件。

本章的第三部分重点介绍测试输入表单。输入表单有一些微妙的地方，当你第一次应对它们时可能会感到棘手。你要为表单组件编写测试，从而了解如何对文本输入元素和单选按钮进行测试。

本章的最后部分是关于 jsdom 的局限性的。到目前为止，jsdom 工作得很好，但你将发现使用纯 JavaScript DOM 进行单元测试会存在一些问题。

当你完成克隆项目并运行 npm install 之后，就可以开始本章的内容学习了。第一个要学习的主题是如何测试原生 DOM 事件。

5.1 测试原生 DOM 事件

原生 DOM 事件是浏览器警告 JavaScript 代码发生了有趣的事情的方式。可用的 DOM 事件有很多。例如，单击一个元素会触发 click 事件，将光标悬停在一个元素上会触发 mouseenter 事件，还有提交一个表单会触发 submit 事件。

注释 如果你不熟悉原生 DOM 事件，MDN 有一个很好的入门文档。可以阅读 http://mng.bz/mmEa。

在 Vue 应用程序中，你可以使用事件侦听器来响应带有处理函数的事件。每次在元素上触发事件时，都会调用处理函数。

例如，单击按钮时递增计数值，你要使用带有一个 click 参数的 v-on 指令，如下所示：

```
<button v-on:click="count++">Add 1</button>
```

在 Vue 中，v-on 指令拥有速记符号，我将在本章中使用。如下为使用 @ 速记符号后的示例：

```
<button @click="count++">Add 1</button>
```

原生 DOM 事件通常是组件单元测试的输入。例如，假设你要测试单击按钮隐藏元素。在测试中，你将触发按钮元素上的 click 事件，然后断言该元素是否从 DOM 中删除。

在本节中，你将添加一个测试，以便检查在单击关闭按钮时模态框组件是否调用一个 onClose prop。要在单击 <button> 元素时测试 prop 是否被调用，你需要向 <button> 元素分发 click 事件。可以使用 Vue Test Utils 的 trigger 方法执行此操作。

使用 Vue Test Utils 的 trigger 方法

在 Vue Test Utils 中，每个包装器都有一个 trigger 方法，用于在包装元素上分发一个合成事件。

定义 合成事件是在 JavaScript 中创建的事件。实际上，合成事件的处理方式与浏览器分发事件的方式相同。区别在于原生事件通过 JavaScript 事件循环异步调用事件处理程序，合成事件则是同步调用事件处理程序。

---

trigger 使用一个 eventType 参数创建包装器元素上分发的事件。例如，你可以通过调用 <div> 元素包装器的 trigger 来模拟 <div> 元素上的 mouseenter 事件，如例 5.1 所示。

例 5.1 触发一个 mouseenter 事件

```
const wrapper = shallowMount(TestComponent)
wrapper.find('div').trigger('mouseenter')
```

注释 trigger 方法可用于模拟任何 DOM 事件，例如 input 事件、keydown 事件或 mouseup 事件。

你将要编写的测试是检查单击按钮时 onClose prop 是否被调用。要进行这个测试，你需要创建一个 mock 函数，将其作为一个 onClose prop 进行传递，然后使用 trigger 在一个按钮上分发一个 click 事件，最后你可以断言该 mock 函数是被正确调用的。

将例 5.2 代码添加到 src/components/__tests__/Modal.spec.js 的 describe 代码块中。

例 5.2 通过分发一个 DOM 事件触发一个测试

```
test('calls onClose when button is clicked', () => {
  const onClose = jest.fn()                          <- 创建一个 mock，并传递给模态组件
  const wrapper = shallowMount(Modal,                <- 浅挂载带有一个 onClose prop 的模态组件
    propsData: {
      onClose
    }
  })
  wrapper.find('button').trigger('click')            <- 在一个按钮元素上分发一个 Dom click 事件
  expect(onClose).toHaveBeenCalled()                 <- 断言该 mock 是否被调用
})
```

你会注意到文件中已有一个检查模态框是否渲染默认插槽内容的测试。这是模态框组件契约的一部分：它会渲染默认插槽。你无须更改这个测试。

注释 你可能会关心使用通用 <button> 标签选择器来查找一个渲染节点的问题。从理论上讲，如果你在 DOM 结构的 close 按钮前面向模态框添加一个额外的 <button> 元素，会导致测试中断。不幸的是，这是 Vue 组件单元测试不可避免的情况。一些开发人员为元素添加 ID 以避免这种耦合，但我发现为测试添加属性通常并不是必要的。根据我的经验，因更改一个组件的 DOM 结构，而需要更新测试的情况很少见。

要使两个测试都通过，你需要更新模态框组件，使其在单击关闭按钮时调用 onClose prop。将例 5.3 代码添加到 src/components/Modal.vue 中。

例 5.3 当点击按钮时调用一个 prop

```
<template>
  <div>
    <button
      @click="onClose"          <—— 使用 v-on 指令的 @ 速记符号，将 onClose
    />                              添加为一个 click 处理程序
    <slot />
  </div>
</template>

<script>
export default {
  props: ['onClose']
}
</script>
```

运行测试 npm run test:unit，确保它们通过。祝贺你，你已经学会了在测试中如何触发原生 DOM 事件。

大多数情况下，当测试原生 DOM 事件时，要使用正确的事件名称调用 trigger。但有时，你的代码将使用事件目标中的值。你将在 5.3 节中学习如何编写使用事件目标的测试。

在学习如何测试表单之前，你要学习如何测试 Vue 自定义事件。如果你打开 src/App.vue，会看到你正在将一个 closeModal 方法作为 onClose prop 传递给 Modal 组件。closeModal 方法将 displayModal 设置为 false，因此 App 组件不会渲染 Modal 组件。这个实现很好，但是为了教你如何测试 Vue 自定义事件，我将让你重构 App 组件来监听 Vue 自定义事件。

5.2 测试自定义事件

什么比原生 DOM 事件更好？当然是 Vue 自定义事件！Vue 有自己的自定义事件系统，可用于与父组件通信。

自定义事件是由 Vue 实例发射的。就像 DOM 事件一样，组件可以使用 v-on 指令监听子组件上的 Vue 事件，如下所示：

```
<my-custom-component @custom-event="logHello" />
```

注释 如果你想要阅读更多有关 Vue 自定义事件的内容，请阅读 Vue 文档，网址为 http://mng.bz/5N4O。

自定义事件在子组件到父组件的通信方面非常有用。子组件可以发射自定义事件，父组件可以决定如何响应该事件。

Vue 自定义事件系统有两个部分：监听自定义事件的父组件和发射事件的组件。这意味着有两种不同的测试技术要学习：

- 对于发射事件的组件，发射的事件是组件的输出。
- 对于监听自定义事件的父组件，发射的事件是组件的输入。

要了解如何测试 Vue 自定义事件，你将重构应用程序，让 Modal 和 App 组件使用 Vue 自定义事件而不是原生 DOM 事件。你首先要重写 Modal 组件，使其可以发射一个自定义 Vue 事件。

5.2.1 测试发射自定义事件的组件

Vue 自定义事件是由带有 Vue 实例 $emit 方法的组件实例发射的。例如，如果发射 close-modal 事件，要从组件进行如下调用：

```
this.$emit('close-modal')
```

发射一个自定义事件是组件契约的一部分。其他组件将依赖于子组件发射的事件，这意味着测试组件是否能在接收到正确输入时发射一个事件是非常重要的。

你可以使用 Vue Test Utils 的 emitted 方法测试组件是否发射事件。使用事件名称调用 emitted 以返回一个数组，该数组包含了每个发射事件的 payload。

注释 你可以使用 emitted 来测试一个事件是否以正确的顺序或使用正确的数据被调用。签出 Vue 文档查看其他使用 emitted 的测试代码示例，网址为 http://mng.bz/6jOe。

你要为 Modal 组件编写一个新的测试，检查在单击 close 按钮时它是否会发射一个 close-modal 事件。你可以在按钮上分发一个 click，然后断言组件实例是否使用 emitted 方法发射一个 close-modal 事件。打开 src/components/__tests__/Modal.spec.js，删除 calls onClose when button is clicked 测试代码，并添加例 5.4 测试代码。

例 5.4 测试组件发射事件

```
test('emits on-close when button is clicked', () => {
  const wrapper = shallowMount(Modal)
  wrapper.find('button').trigger('click')        ← 在一个 button 元素上分发一个 Dom click 事件
  expect(wrapper.emitted('close-modal')).toHaveLength(1)    ← 断言 close-modal 事件被发射了一次
})
```

运行测试以确认新测试是失败的——npm run test:unit。你可以重构 Modal 组件，让一个事件在单击按钮时发射，这样测试就能通过了。$emit 调用将在模板中内联，因此你可以省略 this。打开 src/components/Modal.vue 并更新 <button>，实现在单击时发射一个 close-modal 事件，如下所示：

```
<button @click="$emit('close-modal')" />
```

该组件现在不接收任何 prop，因此你可以完全删除掉 src/components/Modal.vue 中的 <script> 代码块。运行命令 npm run test:unit，测试将通过。好的，你的 Modal 组件已经可以发射一个自定义事件了。

再编写一个测试，检查已发射的自定义事件怎么样？在项目中，你会看到 src/component/Form.vue 中有一个 Form 组件。这是用户提交电子邮件所使用的表单。你将添加一个测试，检查在 <form> 元素被提交时组件是否发射一个 form-submitted 事件。创建一个测试文件 src/components/__tests__/Form.spec.js，并将例 5.5 代码添加到文件中。

例 5.5 测试一个被发射的 Vue 自定义事件

```
import Form from '../Form.vue'
import { shallowMount } from '@vue/test-utils'

describe('Form.vue', () => {
  test('emits form-submitted when form is submitted', () => {
    const wrapper = shallowMount(Form)
    wrapper.find('button').trigger('submit')        ← 在一个 button 元素上分发一个 submit 事件
    expect(wrapper.emitted('form-submitted')).toHaveLength(1)    ← 断言 form-submitted 自定义事件被发射了
  })
})
```

要使测试通过，你要向 form 元素添加一个提交事件监听器。在事件处理程序中，你可以发射 form-submitted 事件。将例 5.6 代码复制到 src/components/Form.vue。

例 5.6 在提交表单时发射一个自定义事件

```
<template>
    <form @submit="onSubmit">        ← 使用 v-bind 指令添加一个 onSubmit 提交事件监听器
       <button />
    </form>
</template>
```

```
<script>

export default {
  methods: {
    onSubmit () {
      this.$emit('form-submitted')        ⊲  在 onSubmit 方法中发射
    }                                        form-submitted 事件
  }
}
</script>
```

运行测试 npm run test:unit，观察它们是否通过。该应用程序已经在 App（src/App.vue）组件中对 form-submitted 事件进行监听了。当 Form 组件发射 form-submitted 事件时，App closeModal 方法将触发并从页面中删除 Modal 组件（你可以通过运行开发服务器进行查看：npm run serve）。

你已经为自定义事件系统的第一部分（将发射的事件作为组件的输出）完成了测试编写。现在，你需要学习如何为以发射事件为输入的组件编写测试。

5.2.2 测试监听 Vue 自定义事件的组件

如果 Vue 组件发射事件而没有组件正在监听，那么它是否发出声音了呢？我不确定，但你可以编写一个测试查看一下！

就像你之前看到的，组件可以监听子组件发射的自定义事件，并在响应中运行一些代码，如下所示：

```
<modal @close-modal="closeModal" />
```

你刚刚重构 Modal 组件，使其可以发射一个 close-modal 事件。这改变了现有的组件契约，当模态框关闭时调用一个 onClose prop，破坏了应用程序。你需要更新 App 组件使其监听到 close-modal 事件，并在接收到 close-modal 事件时隐藏 Modal 组件。当然，你要为该实现编写一个测试。

测试一个组件是否正确响应一个被发射事件。可以通过获取 Modal 实例包装器并访问实例属性的方式，从 Modal 组件发射事件，如下所示：

```
wrapper.find(Modal).vm.$emit('close-modal')
```

在 App 组件测试中，你将从 Modal 发射一个 close-modal 事件，并检查在 App 组件响应过程中，Modal 组件是否从渲染输出中被删除。

在 src/__tests__/App.spec.js 中为 App 创建一个测试文件。将例 5.7 代码添加到 src/__tests__/App.spec.js 文件中。

例 5.7 测试响应 Vue 自定义事件的组件

```
import App from '../App.vue'
import { shallowMount } from '@vue/test-utils'
```

```
import Modal from '../components/Modal.vue'

describe('App.vue', () => {
  test('hides Modal when Modal emits close-modal', () => {
    const wrapper = shallowMount(App)
    wrapper.find(Modal).vm.$emit('close-modal')
    expect(wrapper.find(Modal).exists()).toBeFalsy()
  })
})
```

浅挂载 App 组件

从 Modal 组件发射一个 close-modal 事件

使用 toBeFalsy 匹配器断言 Modal 未被渲染

通过更新 App 组件，使其监听 Modal 组件发射的 close-modal 事件，这样测试就能通过了。打开 src/App.vue，并使用以下代码替换 Modal 起动标签：

```
<modal
  v-if="displayModal"
  @close-modal="closeModal"
>
```

运行 npm run test:unit 命令，测试如预期一样通过了。

现在已经了解了如何为使用 DOM 事件和 Vue 自定义事件的组件编写单元测试。你会经常用到这样的测试，触发事件是组件的一个常见输入。

原理很简单：你需要在测试中触发或发射一个事件，然后断言被测组件的响应是正确的。

另一个使用事件的常见元素是输入表单。输入表单通常使用事件处理程序中表单元素的值来执行一些有趣的操作，例如验证密码。因为输入表格很常见，所以有必要用一小节来讲它们。

5.3　测试输入表单

从联系人表单到注册表单，再到登录表单，输入表单无处不在！输入表单可以包含许多逻辑来处理验证并使用输入值执行操作，所以这些逻辑是需要被测试的。

在本节中，你将学习如何为一个 Form 组件编写测试。该表单将有一个电子邮件输入框以供用户输入他们的邮件地址，两个单选按钮供用户选择是否要参加比赛，以及一个订阅按钮（图 5.2）。

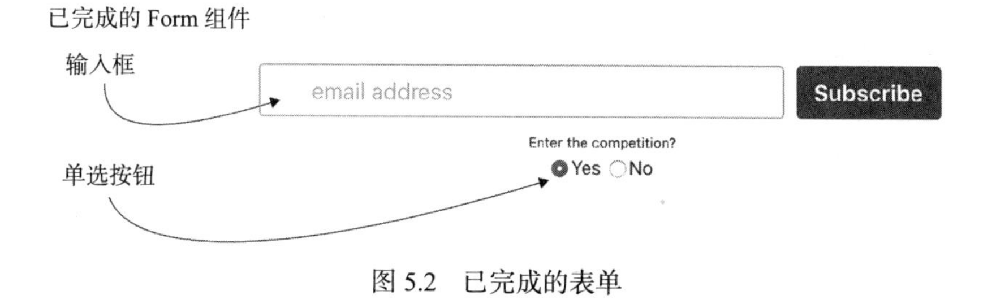

图 5.2　已完成的表单

当用户提交表单时，组件应向一个 API 发送一个 POST 请求，该请求中包含用户输入的电子邮件地址和单选按钮值。简单起见，请求中不包含任何验证逻辑。

所以表格的规格说明是：

- 提交表单时，应该 POST 电子邮件输入的值。
- 提交表单时，应该 POST 单选按钮的值。

第一个要编写的测试将检查你发送的 POST 请求中是否包含用户输入的电子邮件地址。为此，你需要了解如何测试文本框输入值。

5.3.1 测试文本输入框

输入元素用于收集用户输入的数据。通常，应用程序使用此数据执行 action，例如将数据发送给一个外部 API。

关于输入元素有一件有趣的事情，就是它们自身拥有 state。不同类型的元素将它们的 state 存储在不同的属性中，如文本、电子邮件和地址这样的文本输入控件会将它们的 state 存储在 value 属性中。

要测试事件处理程序是否正确地使用了一个 value 值，你需要能够在测试中控制一个输入的 value 属性。很多人对如何设置一个输入表单的 value 值感到困惑。一个常见的误解是使用 key 属性模拟 keydown 事件可以更改元素值，这是不正确的。要在 JavaScript 中改变一个输入的 value 属性，你需要直接在元素上设置 value 属性，如下所示：

```
document.querySelector('input[type="text"]').value = 'some value'
```

使用一个 input 的 value 编写测试时，你必须在触发测试输入之前手动设置 value 属性，如下所示：

```
wrapper.find('input[type="text"]').value = 'Edd'
wrapper.find('input[type="text"]').trigger('change')
expect(wrapper.text()).toContain('Edd')
```

在 Vue 中，通常使用 v-model 指令在输入值和组件实例数据之间创建双向绑定。对于绑定值，用户对表单值所做的任何变更将更新组件实例数据值，同样对实例属性值的变更也会更新输入的 value 属性，如例 5.8 所示。

例 5.8 使用 v-model 绑定数据

```
new Vue({
  el: '#app',
  data: {
    message: 'initial message'     <-- 消息初始值
  },
  template: '<input type="text" v-model="message" />',     <-- 将 input 元素绑定到消息数据。Input 元素的初始值将是消息的初始值。
  mounted() {
      setTimeout(() => this.message = '2 seconds', 2000)     <-- 导致 input 元素值在 2000ms 后更新为“2 senconds”
  }
})
```

注释 如果你对v-model指令不熟悉，可以在Vue文档中阅读相关内容，网址为https://vuejs.org/v2/api/#v-model。

不幸的是，直接设置输入的value属性不会更新绑定值。要更新一个文本输入的v-model，你需要设置元素上的value值，然后在元素上触发一个变更事件以强制更新绑定值。这归结于v-model在Vue核心中的实现，未来可能会发生改变。

与其依赖于v-model的内部实现，不如使用包装器的setValue方法，该方法可以对一个输入设值并使用新的值更新绑定数据，如例5.9所示。

例5.9 在测试中更新一个输入的值和v-model值

```
const wrapper = shallowMount(Form)
const input = wrapper.find('input[type="email"]')
input.setValue('email@gmail.com')
```

获取一个input元素的一个包装器

设置input元素的值并更新绑定数据

在你正在编写的测试中，你需要使用setValue设置一个输入元素的值，触发一个提交表单事件，并检查输入元素值是否作为POST请求的一部分被发送。你已经知道如何设置值并分发一个事件了，但要断言一个POST请求是否被发送，你需要决定你的组件是如何创建POST请求的。

创建HTTP请求常用的一种方法是使用库，例如axios库。你可以使用axios库的post方法，将一个URL和一个可选数据对象作为参数发送POST请求，如下所示：

```
axios.post('https://google.com', { data: 'some data' })
```

注释 axios是一个用于创建HTTP请求的库，类似于原生fetch方法。这里并没有什么特殊原因要使用axios库而不使用其他HTTP库，只是以axios为例而已。

你正在使用的应用程序已经设置为使用axios库了，它使用vue-axios库添加了一个axios Vue实例属性（可以在src/main.js中看到）。这意味着你可以按如下方式从一个组件调用axios库：

```
this.axios.post('https://google.com', { data: 'some data' })
```

现在你已经知道如何创建一个POST请求了，可以编写一个断言来检查你是否调用了axios.post方法。创建一个mock axios对象作为一个实例属性并使用Jest的toHaveBeenCalledWith匹配器检查是否使用正确的参数调用了axios.post。

toHaveBeenCalledWith匹配器会断言是否使用传递给它的参数调用一个mock。在下面的测试中，你将检查是否使用正确的URL和包含email属性的对象调用axios.post：

```
expect(axios.post).toHaveBeenCalledWith(url, {
  email: 'email@gmail.com'
})
```

这里有个问题，如果你在以后的测试中向 axios 数据添加额外的属性，测试将失败，因为参数对象彼此不相等。你可以使用 Jest expect.objectContaining 函数来使这个测试不过时。如例 5.10 所示，这个函数是用于匹配数据对象中的某些属性，而不是测试对象是否完全匹配。

例 5.10　使用 objectContaining 函数

```
const data = expect.objectContaining({
  email: 'email@gmail.com'
})
expect(axios.post).toHaveBeenCalledWith(url, data)
```

现在，只要发送的电子邮件属性值是正确的，测试将始终会通过。

是时候添加测试了。它看起来很大，如果你将它分解，会发现在你触发 submit 事件之前，有很多配置。将例 5.11 代码添加到 src/components/__tests__/Form.spec.js。

例 5.11　测试是否使用一个 v-model 绑定的输入表单

```
test('sends post request with email on submit', () => {
  const axios =                                          // 创建一个带有 post 属性的 mock axios 对象
    post: jest.fn()
  }
  const wrapper = shallowMount(Form, {                   // 将 axios mock 作为一个实例属性浅挂载到 form 组件
    mocks: {
      axios
    }
   })
  const input = wrapper.find('input[type="email"]')
  input.setValue('email@gmail.com')                      // 设置 input 的值
  wrapper.find('button').trigger('submit')               // 提交表单
  const url = 'http://demo7437963.mockable.io/validate'
  const expectedData = expect.objectContaining({
    email: 'email@gmail.com'
  })
  expect(axios.post).toHaveBeenCalledWith(url, expectedData)   // 断言将 URL 作为第一个参数调用了 axios.post
})
```

在运行测试之前，你需要更新之前的测试。目前，之前的测试会出错，因为 form 组件将尝试调用未定义的 axios.post，这是实践中的漏桶问题。因实例属性依赖并不存在，所以你需要模拟实例属性以避免测试中的错误。

在 src/components/__tests__/Form.spec.js 中，用下面的代码段替换“ emits form-submitted when form is submitted”测试代码以创建包装器：

```
const wrapper = shallowMount(Form, {
  mocks: { axios: { post: jest.fn() } }
})
```

现在使用例 5.12 代码更新组件。

例 5.12　Form 组件

```
<template>
  <form name="email-form" @submit="onSubmit">
    <input type="email" v-model="email" />     <-- 使用 v-model 指令将输入绑定
    <button type="submit">Submit</button>          到组件的 email 属性中
  </form>
</template>

<script>
export default {
  data: () => ({
    email: null
  }),
  methods: {
    onSubmit (event) {
      this.axios.post('http://demo7437963.mockable.io/validate', {   <-- 调用 axios.
        email: this.email                                                  post 方法
      })
      this.$emit('form-submitted')
    }
  }
}
</script>
```

你刚刚已经看到了如何在断言中使用一个输入元素值来为组件编写测试。对于所有使用文本控件（如 text、textarea 和 email）的输入元素，都可以使用 setValue 方法。但是对于其他输入类型（如单选按钮），需要使用一个不同的方法。

5.3.2　测试单选按钮

单选按钮是选择按钮，你每一次只能从一组单选按钮中选择一个按钮。测试单选按钮与测试一个文本输入元素略有不同。

你的网站正在进行一场比赛！每个看到注册模态框（sign-up modal）的人都有机会加入比赛。当表单被提交后，你将在 POST 请求中将用户的选择（即单选按钮的值）发送给 API。我已经感知到另一个要写的测试了！

测试单选按钮类似于测试输入表单。但单选按钮的内部 state 不是用 value 属性表示，而是用 checked 属性。要更改所选的单选按钮，你需要直接设置单选按钮输入的 checked 属性，如例 5.13 所示。

注释　checked 属性类似于 value 属性。它是一个单选按钮的 state，是由与单选框交互的用户改变的。

例 5.13 更新测试中单选按钮输入的值和 v-model 值

```
const wrapper = shallowMount(Form)
const radioInput = wrapper.find('input[type="radio"]')    ◁ 获取单选框元素的包装器
radioInput.element.checked = true                          ◁ 直接设置单选框 checked 属性
```

直接设置选中的值与直接设置文本控制值遇到了相同的问题：v-model 没有更新。作为替代，你应该使用 setChecked 方法，如下所示：

```
wrapper.find('input[type="radio"]').setChecked()
```

你确实应该编写两个测试。第一个测试将检查默认提交表单时 enterCompetition 是否为 true，因为默认情况下 Yes 单选框是被选中的。简单起见，我不会向你展示如何编写该测试。你要编写的测试将选择 No 单选按钮，然后提交表单，并断言 enterCompetition 为 false。

这是一个大的旧的测试，再重申一遍，它的内容主要是配置。你可以看到在触发提交事件处理程序之前运用了同样的技巧，使用 setSelected 将一个输入元素置于正确的 state。将例 5.14 代码添加到 src/components/__tests__/Form.spec.js 的 describe 代码块中。

例 5.14 测试组件是否以正确的值调用

```
test('sends post request with enterCompetition checkbox value on submit', ()
    => {
  const axios = {
    post: jest.fn()
  }
  const wrapper = shallowMount(Form, {        ◁ 浅挂载带有一个 axios mock 对象的 Form 组件
    mocks: {
      axios
    }
  })
  const url = 'http://demo7437963.mockable.io/validate'

  wrapper.find('input[value="no"]').setChecked()      ◁ 将 No 单选按钮设为 checked
  wrapper.find('button').trigger('submit')           ◁ 提交表单

  expect(axios.post).toHaveBeenCalledWith(url, expect.objectContaining({ //  ◁ 断言 axios.post 以正确的 enterCompetition 值调用
    enterCompetition: false
  }))
})
```

要使测试通过，你需要添加单选按钮并更新 onSubmit 方法，以将 enterCompetition 值添加到通过 axios.post 发送的数据对象中。

将下面的单选框添加到 src/components/Form.vue 的 <template> 代码块中：

```
<input
  v-model="enterCompetition"
  value="yes"
  type="radio"
```

```
    name="enterCompetition"
  />
  <input
    v-model="enterCompetition"
    value="no"
    type="radio"
    name="enterCompetition"
  />
  Add enterCompetition to the default object:
  data: () => ({
    email: null,
    enterCompetition: 'yes'
  }),
```

最后，更新 axios 调用使其可以发送一个 enterCompetition 属性。测试期望得到一个布尔值，但单选按钮的值是字符串，因此你可以使用恒等运算符将 enterCompetition 设置为一个布尔值，如下所示：

```
this.axios.post('http://demo7437963.mockable.io/validate', {
  email: this.email,
  enterCompetition: this.enterCompetition === 'yes'
})
```

运行单元测试 npm run test:unit，观察它们是否通过。你已经为所有可测试的表单功能添加了测试。

理想情况下，你应该再添加一个测试来检查提交表单的行为是否会导致重新加载，但是使用 jsdom 是无法编写的。每个家长都害怕不可避免的关于鸟与蜜蜂的会话，我却总是害怕 jsdom 会话不可避免的局限性。

5.4 了解 jsdom 的局限性

要在 Node 中运行 Vue 单元测试，你需要使用 jsdom 模拟 DOM 环境。多数情况下这是有效的，但有时你也会遇到未实现特性的问题。

在 jsdom 中，web 平台未实现的两大部分是：

- 布局
- 导航

布局是关于计算元素位置的。如 Element.getBoundingClientRects 这样的 DOM 方法将不会按预期运行。在本书中你不会遇到任何与此相关的问题，但是如果你使用元素的位置来计算组件的样式，就可能会遇到。

另一个未实现的部分是导航。jsdom 中没有页面的概念，因此你无法创建请求并导航到其他页面上。这意味着 submit 事件的行为与它在浏览器中的行为是不一样的。在浏览器中 submit 事件会在默认情况下创建一个 GET 请求，从而使页面重新加载。但是我们不需要这种行为，因此你需要编写代码防止事件发送 GET 请求导致页面重新加载。

理想情况下，你可以编写单元测试来检查是否阻止了一个页面重新加载。在使用 jsdom 的情况下，如果没有极限模拟，是无法编写出这个测试的，你也不值得为此去投入时间。

因此，你需要编写一个端到端测试而不是单元测试，来检查一个表单提交动作是否会导致页面重新加载。我们将在第 14 章学习如何编写端到端测试。所以现在，你将在没有测试的情况下添加代码。

要停止页面重新加载，可以向 v-bind 指令添加一个事件修饰符。打开 src/components/Form.vue 并将一个 .prevent 事件修饰符添加到 submit 的 v-bind 中，如下所示：

```
<form name="email-form" @submit.prevent="onSubmit">
```

修饰符调用 event.preventDefault，从而阻止页面在提交表单时重新加载。

正如我之前所说，jsdom 中未实现的两个部分分别是布局和导航。了解这些限制很重要，这样你才能够更好地防范它们。当你遇到这种限制时，你不该做模拟，而是应该使用端到端测试补充你的单元测试，这些测试会检查依赖于 jsdom 未实现特性的功能。

现在你阻止了默认值，你已经拥有了一个功能完全的表单。你可以打开开发服务器并运行：npm run serve。显然，这个表单还没有为公众消费做好准备。它没有样式可言，外观很丑陋。但重点是，你现在已经拥有一套可以检查核心功能的单元测试了，你可以自由添加样式而不会因单元测试减慢速度。

注释 要查看已完成的应用程序的外观，你可以访问 http://mng.bz/oN4Z。

第 6 章我们将学习 Vuex。这章内容是面向没有 Vuex 经验的读者，如果你之前使用过 Vuex，那么可以直接跳到第 7 章去学习如何测试 Vuex。

总结

- 可以使用包装器 trigger 方法触发原生 DOM 事件。
- 可以通过在子组件实例上调用 $emit 来测试组件是否响应发射的事件。
- 可以使用包装器的 emitted 方法测试组件是否发射了一个 Vue 自定义事件。
- jsdom 没有实现布局或导航特性。

练习

1. 如何在测试中模拟一个原生 DOM 事件？
2. 如何测试父组件是否响应了子组件发射的事件？

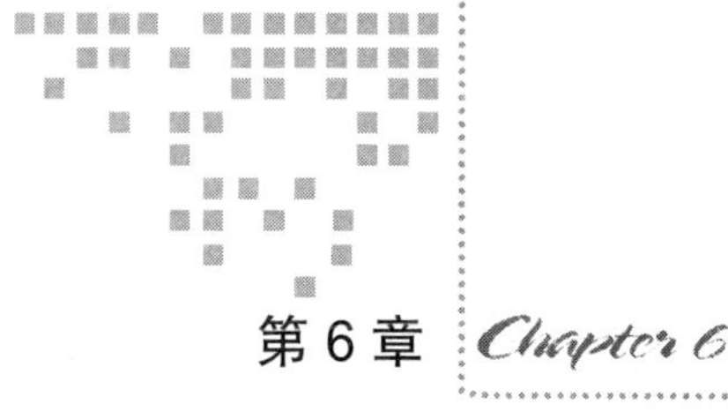

第 6 章 Chapter 6

了解 Vuex

本章内容

- Vuex 是什么
- state 的概念是什么
- 如何在一个项目中使用 Vuex

Vuex 是一个很大的话题。在学习如何在一个应用程序中测试 Vuex 之前，你需要了解它的一些基础知识。在本章中，你将了解 Vuex 是什么，以及如何通过它更轻松地管理应用程序中的数据。

注释 如果你对 Vuex 很熟悉，可以直接跳到第 7 章。

随着应用程序规模的扩大，应用程序使用的数据量也随之增长。要确保存储在不同组件中的数据保持同步具有很大的挑战性，并且可能导致产生难以跟踪的 bug。Vuex 正是解决该问题的方法。

Vuex 被描述为一个 state 管理库。如果你不理解 state 的概念，就意味着你不会理解对 Vuex 的描述，因此本章的第一部分内容是关于在 Vue 应用程序的上下文中理解 state 的概念。

注释 如果你之前使用过 Redux，那么你对 Vuex 的许多概念将很熟悉。Vuex 和 Redux 之间的主要区别在于 Vuex 会改变 store state，而 Redux 会在每次更新时创建一个新的 store state。

在你了解 state 是什么以后，我会向你讲述 Vuex 能够解决的问题。最后，我将向你介

绍 Vuex 的技术细节——Vuex store 是什么以及 Vuex store 由哪些部分组成。

首先，你需要了解一下 state。

6.1 了解 state

人们会使用 state 这个术语来指代许多不同的概念，如果你在谷歌搜索“state 是什么”，结果会让你感到困惑。在我曾经学习编程的时候，我很难理解 state 是什么。

在 Vue 应用程序的上下文中，state 是存储在当前运行应用程序中的数据。想象一下 Gmail 收件箱。如果要从收件箱中删除某些邮件，你需要单击要删除邮件旁边的复选框。勾选完所有要删除的电子邮件后，你不会刷新页面，因为你知道那样你将丢失掉选中的复选框信息。这些选中的复选框是页面 state 的一部分，刷新页面将失去该 state。

让我们看一个更具技术性的示例，设想一个 Counter Vue 组件渲染一个 count 值。它有一个按钮，当点击按钮时 count 值将随之增加。当挂载该组件时，单击该按钮会增加渲染在 DOM 中的 count 值，如例 6.1 所示。

例 6.1　Counter 组件

```
<template>
  <div>
    <h1>{{count}}</h1>
    <button @click="count++">increment</button>      ◁— 渲染 count 值
  </div>
</template>

<script>
  export default {
    data: () => ({                ◁— app 初始值
      count: 0
    })
  }
</script>
```

count 的当前值是该组件实例的 state。你的应用程序中可能有 10 个不同的 counter 组件，每个组件会有一个不同的 count 值。每个 counter 实例也就具有不同的 state。

在 Vue 中，应用程序的 state 描述了该应用程序应该如何被渲染。事实上，像 Vue 这样的 JavaScript 框架存在的主要原因就是 state。JavaScript 框架可以轻松地使一个应用程序的视图层与该应用程序的 state 保持同步。

state 是在一个正在运行的应用程序内部的当前数据值。它可以是一个 API 调用的返回数据，是用户交互触发的数据，或是应用程序生成的数据。

现在你了解了 state，你也就能够理解 Vuex 能够为你做的事情以及它可以解决的问题。

6.2 Vuex 可以解决的问题

在组件之间协调 state 是件很棘手的事情。如果组件依赖于相同的数据但在数据变更时又不相互通信，那么你最终会遇到麻烦。

让我们来看一个现实世界的例子。想象一下，一家户外用品商店有两名员工，尼克和安娜。在一天的开始时，他们各自对帐篷的库存量进行了一次盘点，并发现有三个帐篷可供出售。

尼克和安娜在商店度过了一天，尼克卖了一个帐篷，安娜卖了两个。尼克认为剩下两个帐篷，因为当天早上有三个库存，他卖了一个。安娜认为还有一个，因为她卖了两个。事实上帐篷没有库存了。

当一位顾客进来并向尼克购买一个帐篷时，他出售了帐篷，因为他认为还有两个库存。客户要求将帐篷邮寄给他，因此尼克在没有检查帐篷库存的情况下直接收取了客户的付款。当尼克回库房发现没有帐篷时，他不得不向顾客拨打一个尴尬的电话。

这里的问题是尼克和安娜对于帐篷的库存量有不同的值。他们都有自己的 state。但是，他们的 state 并不同步。

在 Vuex 应用程序中，当两个组件对相同数据具有各自的 state 时，可能会发生同样的情况。即可能一个组件中 state 的更改不会更改另一个组件中相关 state 的值，这种情况要么是因为存在一个 bug，要么是因为某个人忘记了编写保持数据同步的代码。

对于尼克和安娜的问题，解决方案是使用计算机来跟踪帐篷的库存数。当他们两人中的一个进行出售时，会将信息录入到计算机中，计算机将从剩余的帐篷总数中扣除一个。这样，当客户询问尼克是否有帐篷时，尼克可以查看计算机系统，并确保他在收款之前有一个帐篷可供出售。

在应用程序中，Vuex 就像计算机一样。它是应用程序存储用于渲染所需的 state 的一个中心源。

在 Vuex 应用程序中，组件从一个 Vuex store 中获取数据。当组件需要更新 state 时，它们会对 store state 进行更改，这将导致依赖于该数据的所有组件需要用新数据重新渲染。通过使用 Vuex store，你可以避免组件之间数据不同步的问题。

定义 Vuex store 是 Vuex 包含 state 及与 state 交互方法的容器。

你已经了解了 Vuex 能够解决的问题，现在可以学习如何实现 Vuex 了。

6.3 了解 Vuex store

每一个 Vuex 应用程序的核心就是 store。

注释 本书中，当我谈及 store 时，指代的就是 Vuex store。

要了解 store，你需要先了解 Vuex 遵循的核心概念——单向数据流。单向数据流意味着数据只能在单一方向上流动。单向数据流的好处是可以更轻松地追踪到应用程序中的数据来自何处。它简化了应用程序生命周期，避免了组件与 state 之间复杂的关系。

注释 Facebook 上有一篇不错的关于单向数据流好处的文章，网址为 http://mng.bz/y12E。

后面我将向你展示如何使用 Vuex 重构 Counter 组件。无须复制代码。Counter 组件的目的是演示 Vuex 如何融入到一个应用程序中。

你可以在例 6.2 中看到 Counter 组件。Counter 组件的 state 都是本地的，如果更新 count 的值，它仅在组件范围内进行更新。你可以使用 store state 中的 count 值重构 Counter 组件。这样，其他想要使用 count 值的组件都可以从 store 中访问 count 值。

例 6.2 Counter 组件

```
<template>
  <div>
    {{count}}
    <button @click="count++">Increment</button>
  </div>
</template>

<script>
  export default {
    data: () => ({
      count: 3
    })
  }
</script>
```

要使用 Vuex，你需要创建一个带初始 state 的 Vue store。

6.3.1 创建一个 store

要使用 Vuex，你需要使用 npm 安装 Vuex，创建一个 store，并将其传递给根 Vue 实例。代码如例 6.3 所示。

例 6.3 创建一个 Vuex store

```
// ..
Vue.use(Vuex)                    ◁ 在 Vue 安装 Vuex

const store = new Vuex.Store({          ◁ 创建一个 store 实例
  state: {                       ◁ 设置初始值
    count: 0
  }
})

new Vue({
  store,                         ◁ 把 store 实例传递给 Vue 实例
  // ..
})
```

创建完一个 store 并将其传递给 Vue 实例后，你可以从组件内部访问它。如果你重构了 Counter 组件，使其从 store 中读取 count 值的话，代码看起来会如例 6.4 所示。

例 6.4　在一个组件中使用 Vuex

```
<template>
  <div>
    {{$store.state.count}}                    ◁— 使用 store 中的 count 值
    <button @click="$store.state.count++">Increment</button>   ◁— 在 store 中增加 count 值
  </div>
</template>
```

重构组件实现了与原始 Counter 组件相同的功能，但它提交了一个 Vuex faux pas（Vuex 错误）。在单击按钮处理程序中，组件直接改变了 state。

作为一个库，Vuex 也是一个需要遵循的模式。在 Vuex 模式中，你永远不应该直接改变 state，而是应该使用 Vuex mutation 改变 state。

6.3.2　了解 Vuex mutation

虽然组件可以直接读取 store state，但在 Vuex 模式中，组件永远不应直接写入 state。要更新 store state，你应该通过 commit 提交 mutation。

commit 是一个 Vuex 函数，是用 mutation 方法名和可选值作为参数进行调用的，commit 函数再用 state 调用 mutation。例如，你可以通过 commit 提交一个 increment mutation，使其增加 store 中的 count 值，如下所示：

```
$store.commit('increment')
```

图 6.1 显示了 Vuex 模式。这种模式的主要好处是可以使用 Vue 开发工具插件跟踪应用程序中 state 的变化。

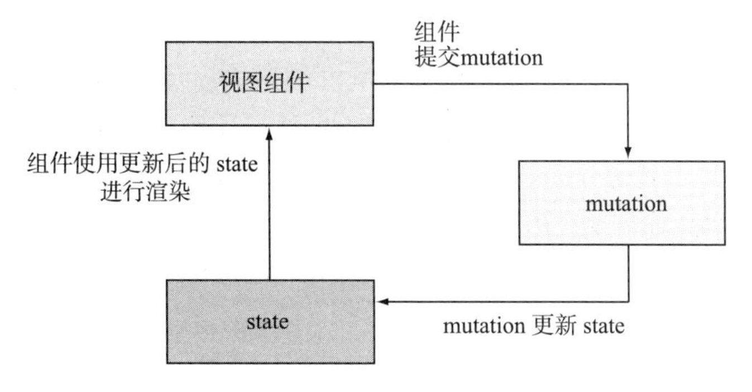

图 6.1　单向数据流

在 Counter 组件示例中，你需要创建一个 mutation 来更新 state.count 的值。在创建

store 的对象内添加 mutation。具有一个 increment mutation 的新 store 看起来像例 6.5 的代码示例。

例 6.5 添加一个 mutation

```
const store = new Vuex.Store({
  state: {
    count: 0
  },
  mutations: {
    increment(state) {          定义一个 increment
      state.count++             mutation
    }
  }
})
```

在 store 中定义了一个 mutation 后，你可以从 Counter 组件中通过 commit 提交 increment mutation。commit 函数会调用与被调字符串匹配的 mutation，并使用 state 对象调用 mutation。你永远不会直接调用 mutation。在例 6.6 的代码示例中，你可以看到 Counter 组件提交了一个 increment mutation。

例 6.6 提交一个 mutation

```
<template>
  <div>
    {{$store.state.count}}
    <button @click="$store.commit('increment')">Increment</button>
  </div>
</template>                              提交一个 increment mutation
```

在使用 mutation 更新 store state 时，要注意如下一些特性：

- mutation 可以直接编辑 state 对象。
- 必须通过 commit 函数调用 mutation。
- 在 Vuex 模式中，mutation 是改变 store state 的唯一方法。
- mutation 必须是同步的，它们不能包含 API 调用或数据库连接等 action。

将 Vuex store 想象成一家银行。在银行中，出纳员是唯一可以对账户进行提款或存款操作的人。银行出纳员就像 mutation，他们可以直接编辑 state。如果你想通过提款或存款来更改账户中的金额，你需要让出纳员为你操作。

为确保 mutation 在 Vue 开发工具中可跟踪，mutation 必须是同步的。如果要异步编辑 state，你可以使用 action。

6.3.3 了解 Vuex action

你可以将 Vuex action 视为异步 mutation，尽管 action 还有更多的内容。假设你需要进行一个 AJAX 调用来获取数据，并通过 commit 将数据提交到 Vuex store。你可以在组件方法中执行此操作，如例 6.7 所示。

例 6.7 异步提交 mutation

```
// ..
methods: {
  fetchItems () {
    this.$store.commit('fetchItems')
    fetch('https://endpoint.com/items')
      .then(data => this.$store.commit('fetchItemsSuccess', data.json()))
      .catch(() => this.$store.commit('fetchItemsFailure'))
  }
}
// ..
```

向一个端点发送一个 get 请求

如果请求成功，提交数据

如果请求失败，提交一个失败

如果想在另一个组件中调用此 action，该怎么办？你不得不复制代码，但这样并不理想。取而代之的是可以创建一个执行相同功能的 Vuex action。你可以重构 fetchItems 并将其作为一个 action 添加到一个 store 中，如例 6.8 所示。注意该 action 会收到一个上下文对象。此上下文对象会公开与 store 实例相同的一组方法或属性。

注释 你可以在 Vuex 文档中阅读有关上下文对象的更多内容，网址为 https://vuex.vuejs.org/guide/actions.html。

例 6.8 在一个 Vuex action 内提交 mutation

```
const store = new Vuex.Store({
  state: {

    // ..
  },
  mutations: {
    // ..
  },
  actions: {
    fetchItems (context) {
      context.commit('fetchItems')
      fetch('https://endpoint.com/items')
        .then(data => context.commit('fetchItemsSuccess'), data.json
        .catch(() => context.commit('fetchItemsFailure'))
    }
  }
})
```

定义一个接收上下文对象的 fetchItems action

如果 fetch 调用成功，提交 fetchItemsSuccess mutation

如果 fetch 调用失败，提交一个 fetchItemsFailure

然后，你可以使用 store 的 dispatch 方法在组件内分发该 action，如例 6.9 所示。dispatch 类似于 commit 方法，但它是用于 action 的。

例 6.9 分发一个 action

```
methods: {
  fetchItems () {
    this.$store.dispatch('fetchItems')
  }
}
```

继续使用银行做比喻，那么向银行发送支票就是一个 action。在你寄出支票后，你可以继续自己的一天，因为你知道银行柜员收到支票后，会将支票存入你的账户，从而更新你的账户金额。

action 的主要特性如下：

- action 是异步的。
- action 可以提交 mutation。
- action 可以访问 store 实例。
- 必须使用 dispatch 函数调用 action。

Vuex 的 action 与 mutation 相似，除了 action 可以异步。action 可以提交 mutation，但不能直接编辑 store（图 6.2）。当你想要执行异步任务（如 API 调用）时，action 非常有用。

你要学习的关于 store 的最后一部分内容是 Vuex getter。

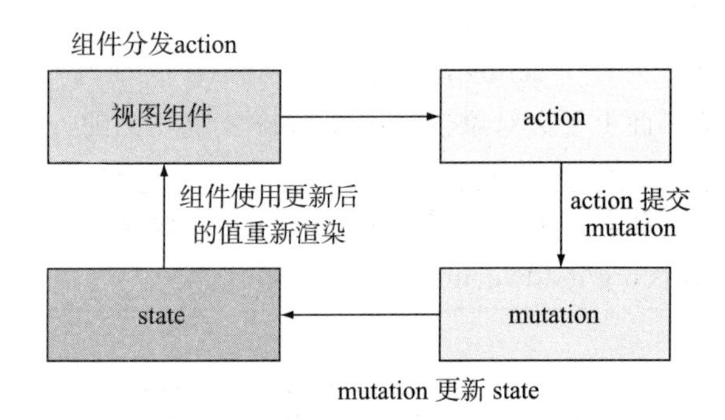

图 6.2 在 Vuex 生命周期内分发 action

6.3.4 了解 Vuex getter

Vuex getter 就像 store 的计算属性，只有当它们所依赖的数据发生变化时，才会重新计算它们的值。

注释 计算属性是 Vue 组件的属性，仅在组件所依赖的数据发生变更时才更新。你可以在 Vue 文档中阅读有关计算属性的内容，网址为 https://vuejs.org/v2/guide/computed.html。

想象一下，在一个 store state 中有一个 product 对象数组。其中一些 product 对象的 show 属性值为 false。你可以创建一个 getter 函数来返回所有 product 的 show 属性值为 true，如例 6.10 所示。

例 6.10 一个 getter

```
const store = new Vuex.Store({
  state: {
```

```
    // ..
  },
  mutations: {
    // ..
  },
  getters: {
    filteredProducts (state) {
      return state.products.filter(product => product.show)
    }
  }
})
```

定义一个 filteredProducts getter，返回 state.products 数组中所有 product 的 show 属性值

getter 只有在它们依赖的数据发生变化时才会被调用。如果数据未变化，它们会返回之前的计算。你可以将它们视为缓存函数。还记得前面银行的例子吗？想象一下，你想知道你所有银行账户中有多少钱。所有账户中的总金额不会保存为计算机系统中的一个值，因此柜员会获取所有账户的金额，将它们相加以获得总金额，并将总金额写在一张纸上。现在你知道你有多少钱了，但是这需要柜员花费几分钟来计算。

同一天晚些时候，你回到银行，想再次了解账户的总金额。柜员知道你没有提取或存入任何钱，所以他们拿起那张纸给你看。这一次，他们不需要花费五分钟来计算总金额。这就是 getter 的工作方式。它们对你的数据执行逻辑计算，然后保存（或缓存）该值，这样如果在依赖数据未发生变化时就不需要重新计算数据值了。

如果你在柜员记下你的账户总金额后退出账户，柜员需要重新计算以确保总金额数值是最新的。同样，如果 getter 的一个依赖更新，getter 将重新计算该值（图 6.3）。

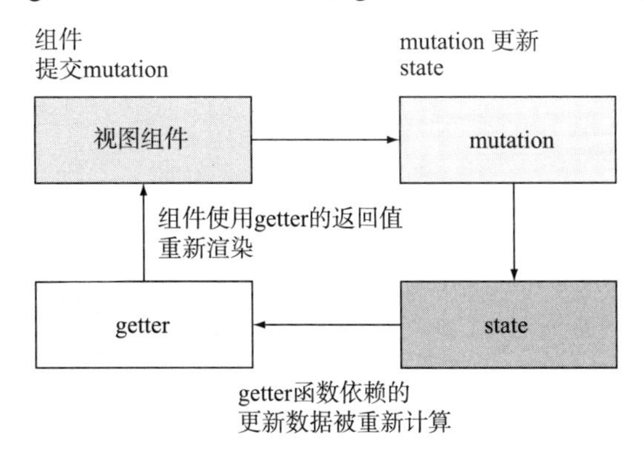

图 6.3 通过 getter 计算数据

你可以访问 $store 实例上组件内的 getter。代码如例 6.11 所示。

例 6.11 在一个组件内使用 getter

```
<template>
  <div>
    <div v-for="product in $store.getters.filteredProducts">
    {{product.id}}
    </div>
```

循环 filteredProducts getter 的列表项

```
  </div>
</template>
```

注释 你可以在 Vuex 文档中阅读有关 Vuex store 架构更深入的解释，网址为 https://vuex.vuejs.org/en/intro.html。

现在你已经了解了 Vuex store 的所有内容。第 7 章将学习如何给一个 Vuex store 和 Vuex 组件编写测试。你将为 getter、action 和 mutation 编写测试，并且学习如何对一个正在运行的 store 实例进行测试。

总结

- Vuex 是一个 state 管理库，可以解决组件之间协调 state 的问题。
- Vuex 使用单向数据流模式，从而使数据流易于理解。
- Vuex store 是由 state、mutation、action 和 getter 构建的。
- state 包含应用程序渲染所需的数据。
- mutation 是用于改变 store state 的。
- action 可以是异步的。一个 API 调用完成后，action 通常通过 commit 提交 mutation。
- getter 函数是用于计算来自 store 的数据值的。

第7章 Chapter 7

测试 Vuex

本章内容

- 向一个项添加 Vuex
- 为 Vuex store 的 mutation、action 及 getter 编写单元测试
- 为一个 Vuex store 实例编写单元测试
- 为连接 Vuex 的组件编写单元测试

Vuex（Vue 的一个 state 管理库）对于大型 Vue 应用程序是必不可少的。要成为一名 Vue 测试大师，你应该掌握如何有效地测试 Vuex。

本章中，你将学习如何测试一个 Vuex store 和 Vuex 连接组件。要学习如何测试 Vuex，你将要使用 Vuex 重构你一直在使用的 Hacker News 应用程序。

注释 本章不会详细介绍 Vuex 基础知识。如果你还不了解如何使用 getter、action 和 mutation 创建一个 store，你应该先阅读第 6 章的内容。

目前，Hacker News 应用程序通过调用一个 API 方法在视图组件内部获取和存储数据。你要把这个逻辑移到一个 Vuex store 中，从而使应用程序的其他部分可以使用这些数据。

在本章第一部分，我将为你提供一个高层面的 store 设计概览。在编写任何测试之前考虑 store 设计很重要。在向你展示 store 设计之后，你将创建一个基础的 Vuex store 并将其添加到应用程序中。

添加 store 后，你就可以开始编写测试了。你可以通过两种方式对 store 进行单元测试。可以单独测试 store 的每个部分，也可以将这些部分组合在一起创建一个 store 实例并直接测试该 store 实例。两种方式各有优缺点，我在本章中将教授这两种方式。

如果你的组件不使用 store 数据，Vuex 并不是理想的选择。在本章的最后一节中，你将通过更新 ItemList 组件以从 Vuex store 中获取它的数据，学习如何测试 Vuex 连接组件。

在编写测试之前，你需要了解 store 设计。

7.1 了解 store 设计

如果没有设计，你无法为一个特性编写测试，同样，如果没有 store 设计，你也无法为 Vuex store 编写测试！让我们从一个高的层面了解一下 store 应该做些什么。

store 将从 Hacker News API 获取和存储 items。在你的应用程序中，你将分发一个 Vuex action，该 action 将调用 Hacker News API 并将返回的 items 添加到 store 中。然后 ItemList 组件将使用 store 数据渲染 items。

Hacker News 由不同的信息流或列表组成，具有不同的列表类型，如 jobs、new 和 show。到目前为止，你已经实现了 top 列表，这是 Hacker News 的一个热门列表，但在第 8 章中，你将对其他列表类型添加支持。

获取项目的 action 将被命名为 fetchListData，因为它会获取一种列表类型的所有数据。fetchListData 方法将 type 作为 payload 对象中的字符串，如下所示：

```
dispatch('fetchListData', { type: 'top' })
```

一个列表包含数百个项目。你不会在每个页面上渲染数百个项目，因此你将使用一个 Vuex getter 返回 store 中的前 20 个项目。你将调用 getter 的 displayItems。可以在图 7.1 中了解到 store 是如何工作的。

既然你已经知道了要写什么，现在就可以开始编写 store 了。在你编写任何测试之前，需要将 Vuex 添加到应用程序中。

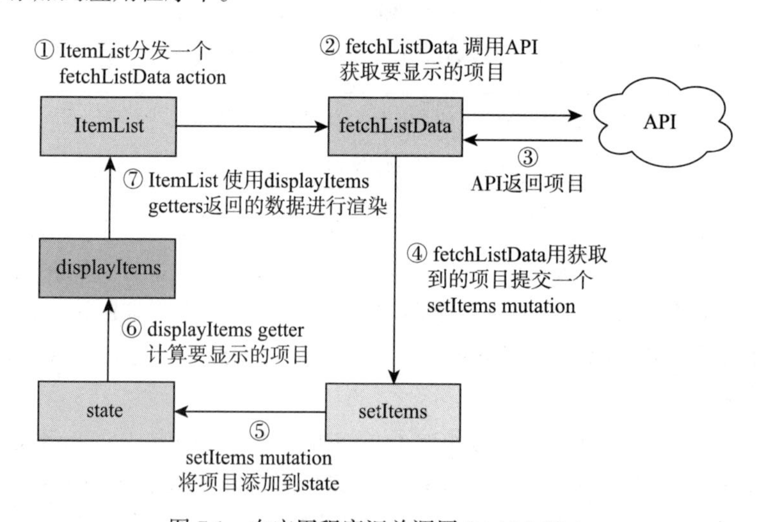

图 7.1 在应用程序汇总调用 fetchListData

7.2 向项目中添加Vuex

要在应用程序中使用Vuex，你需要添加一些样板代码。在本节中，你将在开始编写测试之前先构建一个基本的store。

单元测试对于一些代码非常有效，但并不适用于一个代码库的其他所有部分。如创建一个Vuex store这样的配置不会受益于单元测试。请记住，测试的主要好处是可以让你知道你没有破坏现有功能。配置通常是代码库中最少编辑的部分。很少有人会为重写的配置代码编写单元测试，这样会为你节省更多编写和维护它们的时间。

如果你确实更改了store的配置代码，你将通过手动测试或端到端测试很快地发现store已被破坏。显然你不应该浪费时间为Vuex store配置编写单元测试。

要创建store，你需要初始化一个新的Vuex.Store，它的配置对象包含初始的state、mutation、action和getter。如例7.1的代码示例所示。

例7.1 实例化一个Vuex store

```
const store = new Vuex.Store({
  state: {                                  store 的初始 state

    count: 0
  },
  mutations: {                          store
    increment (state) {                 mutation
      state.count++
    }
  }
})
```

与其在实例化store时创建配置对象，不如将store配置对象分成一个单独的文件，如例7.2所示。这样在本章后面你可以更轻松地针对一个正在运行的store实例编写测试。

例7.2 通过一个配置对象实例化一个Vuex store

```
import storeConfig from './store/store-config'

const store = new Vuex.Store(storeConfig)
```

为了保证代码模块化且易于理解，你还应该为mutation、getter和action也创建单独的文件。在为文件编写测试之前，你现在将使用空方法创建文件。

添加空方法的好处是可以避免类型错误。记住，当单元测试尝试调用未退出的方法时，测试将失败并返回一个无意义的类型错误。单元测试中的类型错误非常糟糕，它们无法证明测试是否因正确原因而失败。你应该在计划编写测试的文件中创建空方法和函数，以确保不会出现类型错误。

mutation文件将包含一个setItems mutation，该mutation将项目添加到store state中。

记住，在 Vuex 模式中，mutation 是更新 state 的唯一方法。创建一个 src/store/mutation.js 文件，并添加以下代码：

```
export default {
  setItems () {
  }
}
```

action 文件包含 store 的 action。你将只有一个 action —— fetchListData。此 action 将调用 API，异步获取你需要的项目，并通过提交一个 mutation 将项目更新到 store 的 state 中。创建一个文件 src/store/actions.js，并将以下代码添加到该文件中：

```
export default {
  fetchListData () {
  }
}
```

应用程序将使用一个 displayItems getter 计算要渲染的项目。你还应该添加一个 maxPage getter 计算项目的页数（当你向信息流添加页面时，你将在第 10 章中使用该 getter）。创建一个文件 src/store/getters.js，并将以下代码添加到该文件中：

```
export default {
  displayItems () {
  },
  maxPage () {
  }
}
```

现在你已有单独的 mutation、action 和 getter 文件了，可以将它们合并到一个 store 配置对象中。创建一个 store 配置文件 src/store/store-config.js，并添加例 7.3 代码。

例 7.3 一个 store 配置对象

```
import actions from './actions'
import mutations from './mutations'
import getters from './getters'

const state = {          <-- 初始 state
  items: []
}

export default {         <-- 导出创建 store 所需的配置
  state,
  getters,
  actions,
  mutations
}
```

下一步是使用 store 配置对象来创建 store 实例。你将在应用程序入口文件中执行此操作。

要使用Vuex，你需要将其添加为一个依赖项。使用以下命令将Vuex添加为一个依赖项：

```
npm install --save vuex
```

Vuex是一个插件，因此你需要在创建store之前使用Vue.use进行安装。

注释　你可以在Vue文档中详细了解插件系统相关内容——https://vuejs.org/v2/guide/plugins.html#Using-a-Plugin。

在Vue上完成Vuex安装后，你可以创建store实例并将其传递给Vue实例。使用例7.4代码替换src/main.js入口文件中的代码。

例7.4　安装Vuex

```
import Vue from 'vue'
import Vuex from 'vuex'
import App from './App'
import ProgressBar from './components/ProgressBar'
import storeConfig from './store/store-config'

Vue.use(Vuex)                       <-- 安装 Vuex

const store = new Vuex.Store(storeConfig)     <-- 创建一个 Vuex store

Vue.config.productionTip = false

const bar = new Vue(ProgressBar).$mount()
Vue.prototype.$bar = bar
document.body.appendChild(bar.$el)

new Vue({
  el: '#app',
  store,                            <-- 向 Vue 实例添加一个 Vue 实例
  render: h => h(App)
})
```

现在，你已创建了一个基础的store并将其传递给根Vue实例。是时候为Vuex store的每个部件编写一些单元测试了。

7.3　分别测试Vuex store的组成部分

有一种测试Vuex store的方法是对Vuex的store组成部分分别进行测试。分别测试的好处是单元测试可以小且聚焦。当一个单元测试失败时，你将可以确切地知道store中的哪个部分出现了问题。

store中的所有部分都是JavaScript函数，因此测试相对简单。你将首先为Vuex mutation编写测试。

7.3.1 测试 mutation

mutation 会改变一个 Vuex 应用程序的 state。与组件相比，mutation 单元测试很简单，因为它们只是普通旧式 JavaScript 函数。

正如你在第 5 章中看到的，一个 mutation 函数将 store 的 state 作为第一个参数，将一个可选 payload 对象作为第二个参数。在函数内部，你要使用一个新值改变 state，如例 7.5 所示。

例 7.5 一个 mutation

```
setName: (state, { name }) => {      // 解构 payload
  state.name = name                  // 更改 state
}
```

永远不要直接调用 mutation。要在应用程序中调用 mutation，必须通过调用带有 mutation 名称的 commit 函数来实现。例如，如果要运行 set Name mutation，其中 payload 带有一个 name 属性，你可以像下面这样调用 commit：

```
store.commit('setName', { name: 'Edd' })
```

在底层，commit 使用 store state 和可选 payload 对象调用一个 mutation。要为一个 mutation 编写单元测试，你可以使用相同的参数调用该 mutation。先创建一个假 state 对象和 payload 对象，然后使用假 state 和 payload 对象调用该 mutation，并断言 state 对象已被变更为正确的值。

你编写的测试将检查 setItems 是否将 state.items 设置为 payload 对象中的 items 值。要对此进行测试，先创建一个 state 对象，使用该 state 和一个 payload 对象调用该 mutation，并断言 state 的 items 属性已被设置为 payload 中的 items。

在 src/store/__tests__/mutation.spec.js 中创建一个测试文件，并添加例 7.6 中的代码。

例 7.6 测试一个 mutation

```
import mutations from '../mutations'

describe('mutations', () => {
  test('setItems sets state.items to items', () => {
    const items = [{id: 1}, {id: 2}]        // 创建要添加到 payload 对象的 items 数组
    const state = {                         // 创建一个假 state 对象
      items: []
    }
    mutations.setItems(state, { items })    // 使用假 state 对象和 payload 对象去调用 setItems mutation
    expect(state.items).toBe(items)         // 断言 state.items 已设置为传递到 payload 对象中的 items
  })
})
```

使用npm run test:unit命令行运行测试，确保测试因正确原因而失败。现在你需要使该测试通过。因此，你需要将state.items重新分配给payload对象中的items。

在src/store/mutation.js文件中添加一行代码重新分配参数，这样你的文件看起来像例7.7所示。

例7.7 一个简单的mutation

```
setItems (state, { items }) {       ◁── 解构 payload
  state.items = items         ◁── 将 items store 的
}                                  state 值设为 payload
                                   中的 items
```

运行npm run test:unit命令，检查测试是否正在运行。太棒了，你已经完成了一个mutation的代码编写与测试。通常mutation就是这样的简单函数，因此对它们的测试通常小且独立，是我最喜欢的单元测试形式!

一个mutation测试的最终断言始终是要检查一个state对象是否被正确更改，因为这是mutation的目的。你可以将更改后的state对象视为一个mutation的输出。如果你的mutation没有改变state对象，那就说明你没有正确地使用它们。

现在你已经拥有一个mutation可以更新store的state了。接下来，你要编写一个getter，它使用该state返回应该渲染的items。

7.3.2 测试Vuex getter

同mutation一样，Vuex getter也是普通旧式JavaScript函数。getter始终返回一个值，这样使要测试的内容变得简单化，你将始终断言getter函数的返回值。要测试getter，可以使用一个假的state对象调用getter函数，该state对象包含getter将使用的值，然后断言getter是否返回你期望的结果。

想象一下，你有一个store，且它有一个产品对象数组state.products。你可以创建一个inStockProducts getter，让它返回stock值大于0的所有产品，如下所示：

```
export const getters = {
  inStockProducts: (state) => {
    return state.products.filter(p => p.stock > 0)
  }
}
```

要测试这个getter，你可以传入一个带有产品数组的假state对象并测试inStockProducts getter是否返回正确数量的产品，如下所示：

```
test('inStockProducts returns products in stock', () => {
  const state = {
    products: [{stock: 2}, {stock: 0}, {stock: 3}]
  }
  const result = getters.inStockProducts()
```

```
  expect(result).toHaveLength(2)
})
```

在 Hacker News 应用程序中，displayItems getter 将计算要显示的项目。现在，该应用程序将显示 state.items 数组中的前 20 个 items。

测试应该检查 displayItems getter 是否返回 state.items 数组中的前 20 个 items。在测试中，你将创建一个假的 state 对象，带有 21 个 items 的 items 数组。然后，你将使用 state 对象调用 displayItems getter。最后，你将断言 getter 是否返回一个包含 20 个 items 的数组，这些 items 与模拟的 items 数组的前 20 个 items 相匹配。

创建一个文件 src/store/__tests__/getters.spec.js，并将例 7.8 代码添加到该文件中。

例 7.8　测试是否返回一个数组

```
import getters from '../getters'

describe('getters', () => {
  test('displayItems returns the first 20 items from state.items', () => {
    const items = Array(21).fill().map((v, i) => i)
    const state = {
      items
    }
    const result = getters.displayItems(state)
    const expectedResult = items.slice(0, 20)
    expect(result).toEqual(expectedResult)
  })
})
```

使用 fill 和 map 创建一个包含 21 个项目的数组，以将每个项目设置为一个数字

创建一个要传递给 displayItems getter 的假的 state 对象

获取 getter 的返回值

断言返回数组的 20 个 items 是否是原数组的前 20 个 items

现在可以更新 getter 使其返回 state.items 中的前 20 个 items。打开 src/store/getters.js，并使用例 7.9 代码更新 displayItems。

例 7.9　一个 getter

```
displayItems (state) {
    return state.items.slice(0, 20)
}
```

返回前 20 个 items

在运行 npm run test:unit 检查测试是否通过之后，你需要为 maxPage getter 添加另一个测试。此 getter 将计算你拥有的项目的页数。例如，如果有 60 个项目，并且每页最多显示 20 个，则 maxPage 为 3。

测试将通过一个带有 49 个项目的 state 调用 getter。该数字应向上舍入到最接近的整数，因此你应该期望结果等于 3（因为该应用程序每页显示 20 个项目）。将例 7.10 的测试代码添加到 src/store/__tests__/getters.spec.js 的 describe 代码块中。

例 7.10 测试一个 getter

```
test('maxPage returns a rounded number using the current items', () => {
  const items = Array(49).fill().map((v, i) => i)    <—— 创建一个49项的items的数组
  const result = getters.maxPage({
    items
  })
  expect(result).toBe(3)
})
```

检查测试是否因正确原因而失败。现在更新 src/store/getters.js 中的 maxPage getter 来计算 maxPage 值，如下所示：

```
maxPage(state) {
  return Math.ceil(state.items.length / 20)
}
```

测试链式 getter

除了使用 state 来计算数据之外，getter 还可以使用其他 getter 来计算数据。使用之前 getter 的结果称为链式 getter（因为你链接它们的返回值从而获取一个新的值）。

Hacker News 应用程序不使用链式 getter，但测试它们的技术类似于测试普通的 getter。区别在于链式 getter 接收一个其他 getter 的结果对象作为它们的第二个参数。你可以按照为 getter 编写测试的同样方式，为链式 getter 编写测试——使用一个假的 state 对象和一个假的 getter 对象调用 getter。

现在你已经看到了如何测试 mutation 和 getter。一个 Vuex store 的最后一部分是要测试 action。

7.3.3 测试 Vuex action

action 使你能够异步提交 mutation。通常，action 会进行 API 调用并提交结果。因为 action 可以是异步的，并且可以发送 HTTP 请求，所以同 mutation 或 getter 相比，为 action 编写单元测试要更复杂。

与 mutation 一样，你永远不能直接在你的应用中调用 action 函数，而是要使用 store 的 dispatch 方法分发一个 action。与 commit 方法一样，dispatch 有两个参数。第一个参数是 type，是一个调用 action 使用的标识符。第二个参数是一个 payload。要调用一个 top 类型的 fetchListData，你可以这样调用 dispatch，如下所示：

```
dispatch('fetchListData', { type: 'top' }).
```

与 commit 类似，dispatch 会为你调用 action。action 的第一个参数是一个上下文（context）对象。该上下文对象包含 store state 和 store 方法，如 commit。action 的第二个参数是 payload 对象——这是被分发给 action 的数据。

要测试 action，你可以按照 Vuex 调用它的方式调用该函数，并断言该 action 是否按你的期望执行。通常，这意味着要利用模拟避免产生 HTTP 调用。

注释 记住，绝对不要在你的单元测试中进行 HTTP 调用。HTTP 调用会使单元测试运行时间更长，并且使测试变得不稳定。

在 Hacker News 应用程序中，你已经有一个 action——fetchListData。fetchListData 将调用 fetchListData API 方法来获取某个列表类型的所有项目。然后，你将使用 fetchListData API 方法返回的项目提交 setItems mutation，从而将项目保存到 store，这将导致 displayItems getter 重新计算，任何依赖该数据的组件将重新渲染。

要测试 fetchListData action 是否正常运行，你需要使用极限模拟。换句话说，你将要在测试中添加许多 mock 功能，从而测试 action 函数是否使用正确的值调用了正确的方法。本章的最后，我将向你展示一种以较少的模拟来测试 action 的替代方法，但要独立测试 action，模拟是你唯一的选择。

极限模拟是非常危险的

极限模拟是指你在测试中模拟复杂的功能。极限模拟可能会很危险。你使用的 mock 越多，你的测试就越不准确。mock 不测试实际的功能，它们只是在测试假设的功能。

你模拟的越多，意味着你做出的假设就越多。当你的模拟假设不正确时，可以会引入 bug。没有什么比调试失败的单元测试并且发现问题是出在 mock 自身时，更令人沮丧！

同时 mock 也会使测试更难以理解和维护，测试也将变得更加昂贵。你需要确保编写和维护 mock 所需的额外时间可以被运行单元测试节省下来的时间平衡。

在 fetchListData action 测试中，你将断言 context.commit 是通过 fetchListData API 调用返回的结果被调用的。你将要通过一个 commit 方法创建一个假的上下文对象。在该 action 中，你将只能从该上下文使用 commit。因此，你不需要向这个假的上下文对象添加任何其他属性。如例 7.11 所示。

例 7.11 使用一个假的上下文对象调用一个 action

```
const context = {
  commit: jest.fn()
}
actions.fetchListData(context, { type: 'top' })
```

现在你知道如何在测试中调用该 action 了。接下来，需要确定如何检查 action 是否使用 setItems（即 fetchListData API 返回的结果）调用 commit。你可以使用 Jest toHaveBeenCalledWith 匹配器检查 action 是否使用正确的值调用了 commit。但是要想知道应该用什么值调用 commit，你需要能够控制 fetchListData 返回的数据。

可以使用 jest.mock 函数来控制 fetchListData 返回的内容。记住，在 src/api 目录中有一个含有 mock api.js 文件的 __mocks__ 目录。使用 src/api/api.js 文件的相对路径调用 jest.mock，使 Jest 拦截 imports 文件并返回模拟文件。

在 mock api.js 文件中，fetchListData 是一个 jest mock 函数，因此你可以调用 mockImplementation 方法改变 fetchListData 的行为。你也可以在 mock 实现函数中添加逻辑，从而检查 fetchListData 是否通过正确的类型值被调用。如果函数是通过正确的类型被调用，该函数将返回一个含有项目数组的已解析的 promise。然后，你可以检查 commit 是否通过 fetchListData mock 返回的项目被调用。

在测试中，你将模拟 fetchListData API 方法返回一个含有数组的已解析的 promise。为了让 fetchListData API 方法返回正确的项目，必须要通过传递给 payload 对象中的 fetchListData action 的类型调用它。

只有在使用正确的类型调用 fetchListData 时，你才可以通过添加自定义解析项目功能确保它通过正确的参数被调用，如下所示：

```
fetchListData.mockImplementationOnce(calledWith => {
  return calledWith === type
    ? Promise.resolve(items)
    : Promise.resolve()
})
```

完成 fetchListData 模拟后，你可以通过一个假的上下文对象调用 fetchListData action。API fetchListData 方法会返回一个 promise，因此你需要编写一个等待 flushPromises 的异步测试，从而清除 promise 队列。然后你可以断言 commit mock 函数是通过正确参数被调用的。

这是一个要做很多事情的大型测试。将例 7.12 代码添加到 src/store/__tests__/actions.spec.js。

例 7.12　测试 commit 是否在一个 action 中被调用

```
import actions from '../actions'
import { fetchListData } from '../../api/api'
import flushPromises from 'flush-promises'

jest.mock('../../api/api')

describe('actions', () => {
  test('fetchListData calls commit with the result of fetchListData',
  ➥ async () => {
    expect.assertions(1)
    const items = [{}, {}]          <- 创建要传给测试的数据
    const type = 'top'
```

```
    fetchListData.mockImplementationOnce(calledWith => {
      return calledWith === type
        ? Promise.resolve(items)
        : Promise.resolve()
    })
    const context = {
      commit: jest.fn()
    }
    actions.fetchListData(context, { type })
    await flushPromises()
    expect(context.commit).toHaveBeenCalledWith('setItems', { items })
  })
})
```

创建一个假的上下文对象

如果 fetchListData 是通过正确类型被调用的，返回一个带项目信息的已解析的 promise，否则返回一个已解析的空 promise

等待未处理的 promise

断言 commit 是通过正确的值被调用的

现在，你需要更新 fetchListData action，以通过 fetchListData API 方法的返回结果 commit setItems。为此，你需要在 action 文件中导入 fetchListData。将以下 import 语句添加到 src/store/actions.js 最开始的位置：

```
import { fetchListData } from '../api/api'
```

现在将例7.13中的代码添加到src/store/actions.js中的fetchListData action中。

例 7.13　在一个 promise 链内调用 commit

```
fetchListData({ commit }, { type }) {
  return fetchListData(type)
    .then(items => commit('setItems', { items }))
}
```

返回一个 promise，以便 action 可在一个 promise 链内被使用

通过 fetchListData 返回结果调用 commit

运行 npm run test:unit 命令，检查测试是否通过。对于如此少量的代码，该测试很大，因为它包含了大量的模拟。它为一个相对简单的 action 编写了一个很大的模拟实现。想象一下，如果 action 更复杂会怎样！

加上上面的 action 测试，你现在已经分别为 store 中的每一个部分（action、mutation 和 getter）完成了测试编写。为 store 的每个部分编写测试的好处是测试很具体。如果代码中断并且一个测试失败，你能确切知道 store 的哪个部分无法正常工作。

但是，颗粒状地测试 Vuex store 有一些很大的缺点。最大的问题是你经常需要模拟 Vuex 功能。就像你之前看到的那样，极限模拟会使得测试编写变得很困难并且可能引入 bug。

这里还有另一种方法。你可以将 action、mutation 和 getter 组合到一个 store 实例中并对其进行测试，而不是对 action、mutation 和 getter 分别进行测试！

7.4 测试一个 Vuex store 实例

单独测试 mutation、getter 和 action 的替代方法是将它们组合到一个 store 实例中，然

后测试该运行实例。这样，你就可以避免模拟 Vuex 函数。

本书的前面部分，我谈到过一个好的单元测试是如何提供输入和断言输出的。在测试一个 Vuex store 时你可以应用相同的原则。

mutation 和 action 是一个 store 的输入。你可以通过提交一个 mutation 或分发一个 action 来触发一个 Vuex store 中的更改。store 的输出是 store state 或 getter 的结果。

我们来看一个例子。想象一下，你想测试一个 increment mutation，它将以 1 递增更新一个 count state 值。要测试它，先在 Vue 构造函数上安装 Vuex，再创建一个 store 并通过 commit 提交一个 mutation。然后，你可以断言在提交 mutation 后 state 会发生变化，如例 7.14 所示。

例 7.14　测试一个 Vuex store 实例

```
test(increment updates state.count by 1', () => {
  Vue.use(Vuex)                                   // 在 Vue 构造函数上安装 Vuex
  const store = new Vuex.Store(storeConfig)       // 创建一个带有 storeConfig 对象的 store
  expect(store.state.count).toBe(0)               // 断言初始的 state

  store.commit('increment')                       // 在 store 实例中提交一个 increment mutation
  expect(store.state.count).toBe(1)               // 断言 count 值会增加 1
})
```

看，测试 store 很容易！ 但是不要太高兴，当你这样测试一个 store 时，一个大的旧问题就出现了。像 JavaScript 中的许多问题一样，它就是对象引用。

注释　如果你不了解对象引用是什么，或者对象引用如何在 JavaScript 中工作，你可以在 Arnav Aggarwal 的博文“JavaScript 中的值与引用”中了解它们，网址为 http://mng.bz/MxWm。

一个 Vuex store 中的 state 对象是对 store 配置对象中定义的 state 对象的引用。Vuex store state 的任何更改都将改变 store 配置中的 state。如果你编写另一个检查 count 的测试，则初始 count state 将为 1，因为 store 配置中的 state 对象已被上一个测试改变。

单元测试中你最不希望看到的是测试之间的 mutation 泄漏。解决方案是通过克隆 store 配置对象删除任何对象引用。这样你可以继续使用基础的 store 配置对象，并且每次测试时都会有一个全新的 store。

如果要使用一个 cloneDeep 方法克隆的 store 配置对象重新编写测试的话，你可以在例 7.15 中看到测试在重新编写后的样子。如你所期望的，cloneDeep 克隆了一个对象。通过 mutation 更改 state 只会影响 cloned StoreConfig 对象，而不会影响原始 store 配置对象。

例 7.15 在一个 store 实例测试中克隆一个 store 配置对象

```
test('increment updates state.count by 1', () => {
  Vue.use(Vuex)
  const clonedStoreConfig = cloneDeep(storeConfig)
  const store = new Vuex.Store(clonedStoreConfig)
  expect(store.state.count).toBe(0)
  store.commit('increment')
  expect(store.state.count).toBe(1)
})
```

克隆 storeConfig 对象，致使 Vuex 不引用 storeConfig.state 对象

通过克隆的 store 配置创建一个 store

就像一个漏水的水龙头，测试泄漏可能是一个真正的麻烦。现在你知道为了避免 store 对象泄漏的出现，需要在使用它来创建 store 实例之前克隆它，但是你需要注意测试泄漏的另一种可能性。

在这些测试样例中，Vuex 是安装在 Vue 基础构造函数上的。在基础构造函数上安装插件会导致测试泄漏，因为将来的测试会使用被污染的 Vue 构造函数。要避免它们，你需要学习如何使用 localVue 构造函数。

了解 localVue 构造函数

对于一个 Vue 承包公司来说，localVue 构造函数将是一个很酷的名字，但这不是现在需要考虑的问题。这里的 localVue 构造函数是保持单元测试隔离和清洁的一种方式。

要理解 localVue 构造函数，你需要了解如何在 Vue 中使用 Vue 基础构造函数。你在第 1 章中学到了这一点，但我仍要在这里提示一下，每个 Vue 实例都是使用 Vue 构造函数创建的。默认情况下，你使用的是 Vue 库导出的基础 Vue 构造函数，如例 7.16 所示。

例 7.16 通过基础 Vue 构造函数创建一个 Vue 实例

```
import Vue from 'vue'

new Vue({
  el: '   #app',
  template: '<div />'
})
```

在底层中，Vue Test Utils 使用基础 Vue 构造函数挂载组件。使用基础 Vue 构造函数的问题在于对 Vue 基础构造函数的任何变更都会影响使用该构造函数创建的所有实例。这可能导致测试泄漏，即前面测试对构造函数的变更会影响将来的测试（图 7.2）。

测试泄漏比在你耳朵里的蚊子更令人沮丧，它们被添加到测试套件中后，就很难被追踪和修复。因此，你应该不惜一切代价地避免更改 Vue 构造函数。

在原则上这是可行的，但在实际测试中你通常需要安装 Vue 插件，这些插件可能对 Vue 基础构造函数进行更改。要安装插件并避免污染 Vue 基础构造函数，你可以使用 Vue Test Utils 创建的 localVue 构造函数。localVue 构造函数是一个从 Vue 基础构造函数扩展

而来的 Vue 构造函数。你可以在 localVue 构造函数上安装插件，而不会影响 Vue 基础构造函数。

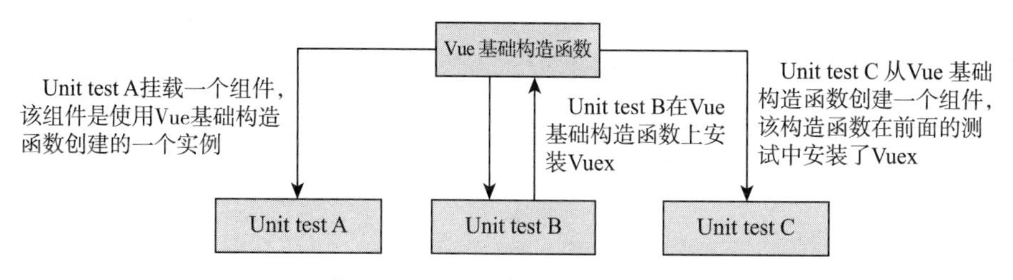

图 7.2　Vue 基础构造函数污染过程

Vue——原件

在学校，老师不会给你一本练习册原件。老师会将其复印，以便你可以在不影响原始练习册的情况下使用它。

将 Vue 基础构造函数视为原件。如果你更改 Vue 基础构造函数，你就更改了 Vue 创建的每个副本。localVue 构造函数就像原件的复印件。它与原版的内容相同，使用方式也相同，但你可以对其进行更改而不会影响原件。

使用 createLocalVue 函数创建 localVue 构造函数。注意，localVue 构造函数是从 Vue 基础构造函数扩展而来的，因此 Vue 基础构造函数先前的任何更改都将被包含在 localVue 中。

默认情况下，Vue Test Utils 在挂载一个组件时使用 Vue 基础构造函数。要使用 localVue 构造函数，你需要告诉 Vue Test Utils 使用带有 localVue 选项的 localVue 构造函数挂载组件，如例 7.17 所示。

例 7.17　使用一个 Vue Test Utils localVue 构造函数

```
import { createLocalVue, shallowMount } from '@vue/test-utils'

// ..

const localVue = createLocalVue()      <- 创建一个 localVue 构造函数
localVue.use(Vuex)                     <- 在构造函数上安装 Vuex

shallowMount(TestComponent, {          <- 使用 localVue 挂载组件
  localVue
})
```

注释　值得注意的是，并非所有插件都需要使用 localVue，但为了安全起见，我建议你使用 localVue 进行所有的插件安装。

现在你已经了解了 localVue 构造函数，是时候使用它编写一个测试了。记住，Hacker

News 应用程序包含一个 store action——fetchListData。fetchListData 调用 fetchListData API 方法并使用 items 更新 store。应用程序的输出是 displayItems getter。

你的测试应确保分发的 fetchListData 可以更新 displayItems getter 的值。这个测试将 store 视为一个黑盒，完全不了解用于将 items 添加到 store state 中的 setItems mutation（图 7.3）。

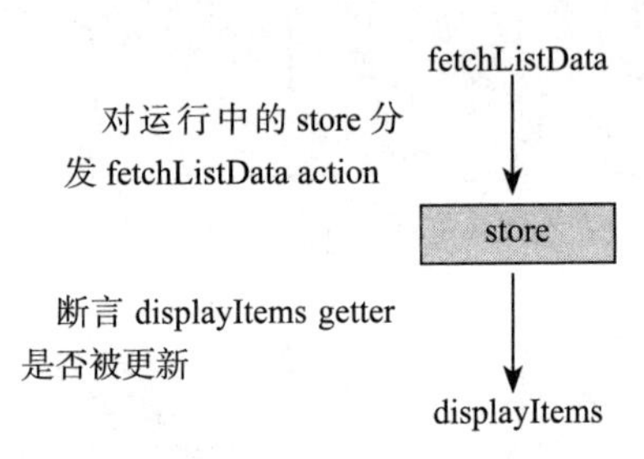

图 7.3 测试 store 实例

请注意，你仍然需要模拟 fetchListData API 调用。如果不这样做，单元测试将创建一个 API 调用并减慢测试速度。但是，你应该避免模拟任何 Vuex 函数。

你还将用到之前看到的 cloneDeep 方法。cloneDeep 由 lodash 帮助程序库导出。运行以下命令将 lodash.clonedeep 添加为开发依赖项：

```
npm install --save-dev lodash.clonedeep
```

现在可以编写测试了。创建一个新文件 src/store/__tests__/store-config.spec.js，并将例 7.18 的代码添加到文件中。不需要任何改动，这个测试便可以通过，因为你已添加了 store 功能。

例 7.18 测试一个 Vuex store 实例

```
import Vuex from 'vuex'
import { createLocalVue } from '@vue/test-utils'
import cloneDeep from 'lodash.clonedeep'
import flushPromises from 'flush-promises'
import storeConfig from '../store-config'
import { fetchListData } from '../../api/api'

jest.mock('../../api/api')                          // 模拟 API

const localVue = createLocalVue()
localVue.use(Vuex)                                  // 在 localVue 基础构造函数上安装 Vuex

function createItems () {                           // 创建包含 22 个对象的数组的辅助函数
  const arr = new Array(22)
  return arr.fill().map((item, i) => ({id: `a${i}`, name: 'item'}))
}

describe('store-config', () => {
  test('dispatching fetchListData updates displayItems getter', async () => {
    expect.assertions(1)
```

```
    const items = createItems()                                          为测试创建模拟 items
    const clonedStoreConfig = cloneDeep(storeConfig)
    const store = new Vuex.Store(clonedStoreConfig)                      用克隆配置对象创建 store
    const type = 'top'
    fetchListData.mockImplementation((calledType) => {                  如果 fetchListData 以正确的类型调用，返回模拟项
      return calledType === type
        ? Promise.resolve(items)
        : Promise.resolve()
    })
    store.dispatch('fetchListData', { type })                            分发 action

    await flushPromises()

    expect(store.getters.displayItems).toEqual(items.
  ➥ slice(0, 20))                                                        断言 displayItems 返回了前 20 项
  })
})
```

运行 npm run test:unit 检查测试是否通过。如果你需要，可以改变一个值并检查测试是否因正确原因而失败。

测试 store 实例的好处是你可以避免模拟 Vuex，并且测试实现不是太具体。你可以重构 store 的内部，只要 store 维持它的契约，store-config 测试仍然会通过。

测试整个 store 的缺点是测试不太具体。如果对 store 实例的测试失败，则可能很难找出导致失败的代码是哪个部分。这样你就失去了单元测试的一个好处——store 实例的单元测试不是细粒度的。

为 Vuex store 编写测试没有绝对正确的方法。有些人喜欢单独测试每个部分，因为测试更具体，更容易调试。有些人喜欢测试整个 store，因为写的测试更少，测试也不那么脆弱。就个人而言，我更喜欢测试一个 store 实例，因为我不喜欢模拟，但我建议你使用你所发现的最容易编写和理解的技术。

现在你已经构建并测试了 store，是时候将它应用到程序中了。在 7.5 节中，你将学习如何测试连接 Vuex 的组件。

7.5　测试组件中的 Vuex

如果你不在组件中使用 Vuex，则 Vuex 并没有什么用处。在本节中，你将学习如何测试连接 Vuex 的组件。当组件连接到一个 Vuex　store 时，该 store 将成为组件的一个依赖。如果组件没有被一个包含正确 action、getter、mutation 或 state 的 store 通过，则它的行为不正确。

你可以使用以下两种方法的其中一种为测试中的一个组件提供一个 Vue store。第一种是创建一个 mock store 对象，并将其添加到带有 mocks 选项的 Vue 实例中（见例 7.19）。如果 store 很简单，这种方法会很好用，但一个复杂的 store 会引发模拟 Vuex 功能，你知道我

对模拟的看法！

例 7.19 在一个测试中模拟 store

```
const $store = {                          ◁— 创建一个假的
    actions: {                                store 对象
        fetchListData: jest.fn()
    }
}
shallowMount(TestComponent, {
    mocks: {                 ◁— 模拟一个带有 mocks 挂载
        $store                  选项的 store
    }
})
```

另一种方法是通过 Vuex 和模拟数据创建一个真实的 store 实例。这种方法更加健壮，因为你不需要重新编写 Vuex 功能。当你为 ItemList 组件编写测试时，我会教你这个技巧。

你将使用一个 Vuex store 重构 ItemList 视图组件。它将分发 fetchListData action 从而在组件挂载时获取项目，并从 displayItems getter 获取要显示的项目。

ItemList 源代码改动很小，但你需要从根本上改变测试代码，以便在组件挂载时将一个 store 传递给该组件。每个测试都需要重新编写。

在将测试添加到文件之前，你将添加一些样板代码以便在每次测试之前创建一个 store。每个测试都需要一个 store 实例，因此与其在每个测试中重复代码，不如在一个 beforeEach 测试设置功能中创建一个 store。这是人们用于在每次测试之前重置变量的一种常见测试模式。

你将在 describe 代码块的开始位置创建 store 和 storeOptions 变量。然后，在 beforeEach 函数中的每个测试之前，你将创建一个 store 并将其分配给 store 变量，以便每个测试都有一个全新的 store。

使用例 7.20 代码替换 src/views/__tests__/ItemList.spec.js 中的已有代码。

例 7.20 使用 beforeEach 重新分配值

```
import { shallowMount, createLocalVue } from '@vue/test-utils'
import Vuex from 'vuex'
import flushPromises from 'flush-promises'
import ItemList from '../ItemList.vue'
import Item from '../../components/Item.vue'
                                                 创建一个 localVue 构
const localVue = createLocalVue()           ◁— 造函数
localVue.use(Vuex)                  ◁— 在构造函数上安装
                                       Vuex
describe('ItemList.vue', () => {
  let storeOptions                ◁— 定义变量，该变量将在每个测
  let store                          试之前被重新分配

  beforeEach(() => {
    storeOptions = {             ◁— 在每个测试之前重新分配
      getters: {                    storeOptions
```

```
      displayItems: jest.fn()              ◁— 将 getter 设为 mock，getter 必须是
    },                                         函数，因为你正在创建的是一个 store
    actions: {
      fetchListData: jest.fn(() => Promise.resolve())   ◁— 设置
    }                                                       mock action
  }
  store = new Vuex.Store(storeOptions)     ◁— 在每个测试之前重新分配一个新的 store，
})                                             以便每个测试中你都有一个全新的 store
})
```

现在，你可以使用 beforeEach 方法创建的 store 添加测试了。这种方法的好处是你可以避免重复代码，缺点是乍一看会觉得它可能使测试变得更难理解。

将例 7.21 的测试代码添加到 src/views/Item List.vue 中的 beforeEach 函数下面的 describe 代码块中。

例 7.21 在一个假 store 中控制一个 getter

```
test('renders an Item with data for each item in displayItems', () => {
  const $bar = {
    start: () => {},
    finish: () => {}
  }
  const items = [{}, {}, {}]                                      模拟 displayItems
  storeOptions.getters.displayItems.mockReturnValue(items)   ◁—  的返回结果
  const wrapper = shallowMount(ItemList, {       ◁— 用一个被注入的 store
    mocks: {$bar},                                   挂载一个实例
    localVue,
    store
  })
  const Items = wrapper.findAll(Item)
  expect(Items).toHaveLength(items.length)
  Items.wrappers.forEach((wrapper, i) => {
    expect(wrapper.vm.item).toBe(items[i])
  })
})
```

运行 npm run test:unit，确保测试因正确原因失败。要使测试通过，你需要更新 ItemList 以使用 displayItems getter 中的数据来渲染 items。在 ItemList 模板中，使用 displayItems getter 更新 item 循环，如下所示：

```
<item
 v-for="item in $store.getters.displayItems"
 :key="item.id"
 :item="item"
/>
```

现在你可以删除一些未使用的代码。删除 data 函数，并删除 loadItems 方法中的 fetchListData 调用。你还可以删除 <script> 代码块顶部的 fetchListData import。

运行 npm run test:unit 检查测试是否通过。该组件现在是从 store getter 中读取，而不是通过分发 action 将 items 添加到 store。

下一步是确保组件在挂载时分发正确的action。在编写测试检查action之前，需要先添加一个测试检查$bar方法是否被调用。将例7.22代码复制到src/views/__tests__/ItemList.spec.js中的describe代码块中。

例7.22　在测试中向一个组件提供一个store

```
test('calls $bar start on load', () => {
  const $bar = {
    start: jest.fn(),
    finish: () => {}
  }
  shallowMount(ItemList, {mocks: {$bar}, localVue, store})
  expect($bar.start).toHaveBeenCalled()
})

test('calls $bar finish when load successful', async () => {
  expect.assertions(1)
  const $bar = {
    start: () => {},
    finish: jest.fn()
  }
  shallowMount(ItemList, {mocks: {$bar}, localVue, store})
  await flushPromises()
  expect($bar.finish).toHaveBeenCalled()
})
```

现在，你可以添加测试检查fetchListData action是否被分发。用一个mock替换store的dispatch函数，然后断言是使用正确的参数调用了mock。将例7.23代码添加到src/views/_tests_/ItemList.spec.js中的describe代码块中。

例7.23　测试一个组件中被调用的dispatch

```
test('dispatches fetchListData with top', async () => {
  expect.assertions(1)
  const $bar = {
    start: () => {},
    finish: () => {}
  }
  store.dispatch = jest.fn(() => Promise.resolve())    <-- 将dispatch设为一个mock函数，这样你可以检查它是否被正确调用
  shallowMount(ItemList, {mocks: {$bar}, localVue, store})
  expect(store.dispatch).toHaveBeenCalledWith('fetchListData', {    <-- 断言dispatch是否使用正确的参数被调用
    type: 'top'
  })
})
```

确保测试因正确原因而失败。现在，你可以使用以下代码替换src/views/ItemList.vue中的loadItems方法：

```
loadItems () {
this.$bar.start()
this.$store.dispatch('fetchListData', {
```

```
      type: 'top'
    })
      .then(items => {
        this.displayItems = items
        this.$bar.finish()
      })
  }
```

运行 npm run test:unit 检查单元测试是否通过。恭喜，你已更新应用程序以使用 Vuex 了！你可以打开 dev 服务器，运行 npm run serve，查看它的运行情况。你尚未向应用程序添加任何新功能，但你已转移到 Vuex 了。你可以在第 9 章用 Vue Router 做很多事情。将静态应用程序转换为复杂的多页面应用程序会变得很容易。

还有一个要写的测试。当 fetchListData 失败时，你应该测试该组件是否调用了 $bar.fail。你可以通过编辑测试中的 storeOptions 对象将 fetchListData 的实现更改为失败。将例 7.24 代码添加到 src/views/__tests__/Item List.spec.js 中的 describe 代码块。

例 7.24　模拟一个 action 抛出一个错误

```
test('calls $bar fail when fetchListData throws', async () => {
  expect.assertions(1)
  const $bar = {
    start: jest.fn(),
    fail: jest.fn()
  }
  storeOptions.actions.fetchListData.mockRejectedValue()
  shallowMount(ItemList, {mocks: {$bar}, localVue,
    store})
  await flushPromises()
  expect($bar.fail).toHaveBeenCalled()
})
```

mockRejectedValue 是 mockImplementation(() => Promise.reject()) 的语法糖，它表示 fetchListItem 将返回一个被拒的 promise。

挂载一个组件

断言 $bar.fail 被调用了

要使这个测试通过，你需要在 loadItems 方法中添加一个 catch。打开 src/views/ItemList.vue，并在 promise 链下面添加以下 catch 语句：

```
.catch(() => this.$bar.fail())
```

运行 npm run test:unit 检查测试是否通过。

该测试通过后，就到本章的最后了。你已经学会了如何单独测试 Vuex store 的 getter、mutation 和 action，以及如何将它们组合为一个 store 实例进行测试。你还学习了如何测试一个使用 Vuex store 的组件。

目前，ItemList 测试包含大量重复代码。在第 8 章中，你将使用工厂函数重构 ItemList 测试从而使文件变得更易于管理。

总结

- 可以在没有 Vue Test Utils 的情况下测试 Vuex mutation、getter 和 action。

- 你可以通过使用 mock 数据创建一个 Vuex store，以测试使用 Vuex 的组件。
- 任何安装插件的测试都应该使用一个 localVue 构造函数。

练习

1. 单独测试 action、getter 和 mutation 函数有哪些缺点？
2. 创建一个完整的 store 并对其进行测试有哪些缺点？
3. 编写代码浅挂载一个组件，该组件带有一个安装在 localVue 构造函数上的 Vuex store。store 配置对象将从另一个文件被导入：

```
import storeConfig from './store-config'
```

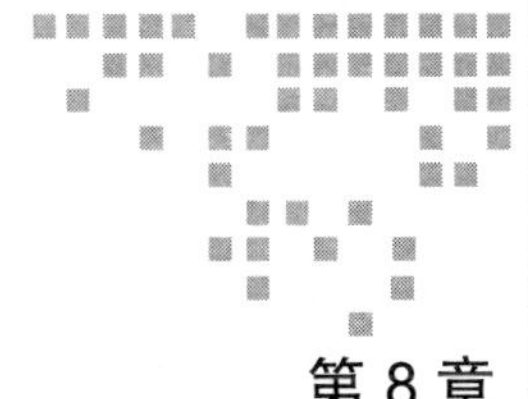

第 8 章 Chapter 8

使用工厂函数组织测试

本章内容

- 了解工厂函数
- 使用工厂函数组织测试

随着整个测试套件体积的增大，你会发现其中有许多重复的代码，而避免这种情况的方法之一就是使用工厂函数（factory function）。

工厂函数是指那些返回新对象或者新实例（instance）（也被称为生成器）的函数。你可以将工厂函数添加到需要重复设置的测试中以删除冗余的代码。

使用工厂函数是一种帮助保持测试代码易于阅读和理解的模式。在本章中，你将了解什么是工厂函数，如何减少重复的代码，以及如何改进你的代码结构。

当你了解了什么是工厂函数以及它们带来的益处之后，你将使用工厂函数重构 ItemList.vue 中的测试代码。

8.1 了解工厂函数

工厂函数通过将创建对象的逻辑提取到函数中，使得创建对象变得更简单。解释工厂函数最好的方式是举例，假设你正为使用了 Vue $t 实例属性的组件编写测试。每次使用 Vue Test Utils 创建包装器的时候，你都需要模拟 $t 函数，如例 8.1 所示：

例 8.1 创建一个包装器对象

```
const wrapper = shallowMount(TestComponent, {
  mocks: {
    $t: () => {}
  }
}
```

你可以编写一个 createWrapper 函数来创建并返回带有 mocks 选项的包装器，而不是向每个 shallowMount 调用添加相同的 mocks 选项，如例 8.2 所示：

例 8.2 使用 createWrapper 函数

```
function createWrapper() {
  return shallowMountMount(TestComponent, {
    mocks: {
      $t: () => {}
    }
  })
}

const wrapper = createWrapper()
const wrapper2 = createWrapper()
const wrapper3 = createWrapper()
```

在测试中使用工厂函数有两个好处：

- 避免重复的代码。
- 工厂函数为你提供一种可以沿用的模式。

在本节中，我将细致地介绍这两大优点，以及权衡使用工厂函数的优劣。首先通过讨论 DRY（don't repeat yourself）原则，我们来看看为什么应该避免重复，以及工厂函数是如何避免重复代码的。

8.1.1 使代码符合 DRY 原则

DRY 是一项众所周知的编程原则。DRY 原则指出，如果在一个应用程序中多次编写了相似的代码，你应该将共用逻辑提取到函数或方法中，而不是在各代码库之间重复代码。

你可以使用工厂函数来遵循 DRY 原则（也被称为使代码符合 DRY 原则）。把重复创建对象的逻辑移入到工厂函数中，以此保证代码的简洁。

在 Vue 的单元测试中，通常会有调用带有很多选项的 shallowMount，如例 8.3 所示的代码：

例 8.3 创建一个包装器

```
const wrapper = shallowMount(TestComponent, {
  mocks: {
    $bar: {
      start: jest.fn(),
      finish: jest.fn()
    }
```

```
  }
})
```

如果有多个测试使用相同的选项调用 shallowMount，则可以把调用 shallowMount 的逻辑移入到 createWrapper 函数，该函数使用正确的选项调用 shallowMount。不必在每个测试中都编写相同的包装器选项，而只需调用 createWrapper 函数获取已挂载组件的包装器即可。

```
const wrapper = createWrapper()
```

现在，使用 shallowMount 创建包装器的逻辑代码被放在了同一个地方，代码符合 DRY 原则。如果要向测试的组件添加新的依赖项，可以在工厂函数的某个位置模拟依赖项，而不是在多个位置进行更改。

工厂函数的另一个优点是它提供了一种可沿用的模式。

8.1.2　通过沿用同一种模式来提升代码质量

在编写测试时，大多数人并不考虑代码模式。这只适用于小型测试套件，但当测试套件的体积越来越大时，这将变得非常不利。没有一个明确的模式，测试代码将难以维护，乱成一团。

通常，在大型代码库中都会出现计划外的模式。起先，开发人员可能想编写一个函数，挂载组件并检查根元素是否存在 class，接着其他开发人员开始使用该函数。某天，开发人员想给函数传递一些额外的数据，因此他们就添加了一个新参数。不知不觉中，你就有了具有一百个参数和名称的函数，这些参数和名称读起来就像绕口令一样，如下所示：

```
mountComponentAndCheckRendersClass(store, useShallowMount, props, overrides)
     {
  // ..
}
```

我在许多不同的代码库中都碰到过这种情况，每个团队都发明了自己的模式来解决共同的问题，而没有进行任何思考。这也就不难理解，如果你从一开始就没有一个可以沿用的模式，你最终创造的将会是自己的模式。

在之前的章节中，我教过你 before each 模式。在 before each 模式中，你在 beforeEach 设置函数中的每个测试之前重写公共变量。这种方法避免了在测试中重复创建对象，是测试中常用的模式。

工厂函数是用来避免重复的另一种模式。before each 模式会更改测试运行之前使用的变量，而工厂函数在每次调用时都会创建新对象。如果处理得当，使用工厂函数模式的测试才会比使用 before each 模式的测试更容易沿用。也就是说，工厂函数模式确实也有一些缺点。

8.1.3 了解工厂函数的利弊

天下没有免费的午餐。使用工厂函数所付出的代价是增加了代码中的抽象内容，这会使得测试让未来的开发人员更加难以理解。

很多次在编写代码的时候，我做出的更改损坏了一个旧有的测试。当打开测试文件查看损坏的测试时，我需要花费 20 分钟来了解那些不理解的抽象概念。

当未来的开发者阅读他人编写的测试时，如果不查看函数的内部实现，他们就无法知道工厂函数做了什么。要理解测试代码的行为就需要在文件上花费额外的时间。

考虑到这一点，测试中的重复代码也不是一无是处。如果一个测试是独立的，没有其他抽象代码，那么未来的开发者会更加容易理解。这也就是为什么我不在这本书的开篇就让你编写工厂函数或使用 before each 模式的原因。

但是在测试套件的这一点上，工厂函数的好处值得付出额外抽象逻辑的成本。你将向 ItemList 组件测试添加工厂函数。这个组件的测试代码已经很复杂了，你将在第 10 章继续为该组件添加额外的测试。现在添加工厂函数将使未来的编写变得更加容易。

注释 你不会重构其他测试文件来使用工厂函数，只有在代码比较复杂的时候才能体现出它的优势。

你要编写的第一个工厂函数是创建 Vuex 的 store 对象。

8.2 创建 store 工厂函数

想要创建 Vuex 的 store，你需要使用配置对象去实例化一个 Vuex。工厂函数非常适用于这种对象生成方式。

简单的 Vuex store 工厂函数会返回一个带有配置对象的 store。Itemlist 组件需要一个具有 displayitems getter 和 fetchListData action 的 store。在 src/views/__tests__/ItemList.spec.js 中，把 let store 和 let storeOptions 从代码中移除，并将 beforeEach 函数替换为例 8.4 的 createStore 函数。

例 8.4 createStore 工厂函数

```
function createStore () {
  const defaultStoreConfig = {
    getters: {
      displayItems: jest.fn()
    },
    actions: {
      fetchListData: jest.fn(() => Promise.resolve())
    }
  }
  return new Vuex.Store(defaultStoreConfig)
}
```

如果 store 始终以相同的方式运行，这种解决办法是一个不错的选择。但是在测试中，你通常需要控制 store 的返回值。例如，查看 src/views/__tests__/ItemList.spec.js 中的第一个测试——位于 displayItems 中的 renders an Item with data for each item，这个测试可以很好地控制 displayItems getter 的返回值。此时，你编写的 createStore 函数会始终从 displayItems getter 返回一个空数组。你需要一个方法来覆盖 createStore 工厂函数所使用的 defaultStoreConfig 的某些值。

8.3　覆盖工厂函数中的默认选项

有时需要更改用于在工厂函数中创建对象的选项。你有多种方法可以做到这一点，但我告诉你一个我认为最直观的方法——合并选项。

你有一个 createStore 函数，它会创建并返回一个带有一些默认选项的 store。不过在测试中你应该想要更改 store 中 displayItems getter 的返回值。更改返回值的其中一种方法是向 createStore 函数添加 items 参数，然后让 displayItems 再返回这些 items，例如：

```
const items = [{}, {}, {}]
createStore(items)
```

这样就解决了问题，你可以控制 displayItems 的返回值。不过如果你又想在其他测试中改变 actions.fetchListData 的值呢？好吧，那你可以添加另外一个参数，就像这样：

```
const fetchListData = jest.fn()
createStore([], fetchListData)
```

同样，这是可行的，但不断地添加参数并不是长久之计。设想一下未来你可能还有其他值想要重写。我在测试代码中看到过 15 个参数的工厂函数！

覆盖默认对象的另一种方式是传入一个待使用的多值对象，而不是默认值，如下所示：

```
const fetchListData = jest.fn()
createStore({ actions: { fetchListData }})
const items = [{}, {}, {}]
createStore({ state: { items } })
```

用对象传值是很棒的做法。这样无须使用函数修改旧测试，就可以轻松地传入额外的选项。

你可以编写 createStore 函数，以此覆盖传递给对象的选项。例如，假设默认的 state 中有两个值：items 和 page。你可以编写 createStore 函数，仅覆盖传递给选项的值，并将 state 的其他属性保留为默认值，如下所示：

```
const store = createStore({ state: { items: [{}] } })
store.state.page // 1
store.state.items // [{}]
```

我认为这种方法非常实用，尤其是当你想覆盖深层嵌套对象时。要想用新对象中的属性覆盖现有对象中的属性而不覆盖整个对象，你需要合并对象。

注释 合并对象指的是递归地组合对象属性。在合并中，一个对象优先于另一个对象，因此当发生属性冲突时，最终的对象将始终使用处于优先级的对象的属性。

编写代码来合并对象可能会很复杂，不过为什么要重蹈覆辙？Lodash 库中有一个 merge 选项，可以实现你想要的效果。它可以递归地将源对象合并到目标对象中，如例 8.5 所示：

例 8.5 使用 Lodash 合并

```
import merge from "lodash.merge"

const defaultOptions = {        // 要合并进去的目标对象
  state: {
    items: null,
    page: 1
  }
}

const overrides = {        // 要合并到目标对象的源对象
  state: {
    items: [{}]
  }
}

merge(defaultOptions, overrides)
```

默认情况下，不能用空数组或空对象覆盖值。使用空对象或者空数组覆盖属性值的操作很难实现。如例 8.6 所示：

例 8.6 使用 Lodash 合并数组或对象

```
import merge from "lodash.merge"

const defaultOptions = {
  state: {
    arr: [{}],
    obj: {
      nestedProp: true
    }
  }
}

const overrides = {
  state: {
    arr: [],
    obj: {}
  }
}

merge(defaultOptions, overrides)        // 返回的对象将等同于 defaultOptions 对象。空数组和空对象不会覆盖 defaultOptions 对象的属性
```

你可以使用 Lodash 的 mergeWith 函数以及它提供的 customizer 函数来更改合并策略。如例 8.7 所示。每当合并过程中发生属性冲突时，Lodash 都会调用 customizer 函数。如果 customizer 有返回值，Lodash 将使用新值覆盖其属性。如果 customizer 返回值为空，Lodash 将使用默认的合并策略。

例 8.7 将 mergeWith 与 customizer 函数一起使用

如果 srcValue 存在则返回它，否则返回 objValue。srcValue 是源对象中优先于目标对象属性的值。当发生冲突时，这个 customizer 函数总是用 srcValue 重新赋值 objValue

```
import mergeWith from "lodash.mergewith"

function customizer(objValue, srcValue) {
  return srcValue ? srcValue : objValue
}

mergeWith(defaultOptions, overrides, customizer)
```

使用 customizer 函数合并

在工厂函数中，如果源对象的属性是空对象或者空数组，你可以使用 customizer 函数重写这些属性。把例 8.8 的 customizer 函数添加到 ItemList 文件的 import 声明之后。

例 8.8 用于覆盖空对象和数组的 customizer 方法

```
function customizer(objValue, srcValue) {
  if (Array.isArray(srcValue)) {
    return srcValue
  }
  if (srcValue instanceof Object && Object.keys(srcValue).length === 0) {
    return srcValue
  }
}
```

如果优先的属性是数组，则覆盖该值，而不是合并数组

如果优先的属性是空对象，则使用空对象覆盖该属性

在命令行运行下列命令安装 lodash.mergewith:

```
npm install --save-dev lodash.mergewith
```

当 lodash.mergewith 安装完成后，你就可以在 createStore 函数中使用了。在 src/views/__tests__/ItemList.spec.js 文件的 import 声明下添加一条新的声明，如下代码所示：

```
import mergeWith from 'lodash.mergewith'
```

编辑 src/views/__tests__/ItemList.spec.js 中的 createStore 方法，传入一个 overrides 参数，再使用 mergeWith 的返回值创建 store，如以下代码片段所示。

```
function createStore (overrides) {
const defaultStoreConfig = {
getters: {
    displayItems: jest.fn()
  },
  actions: {
```

```
      fetchListData: jest.fn(() => Promise.resolve())
    }
  }
  return new Vuex.Store(
    mergeWith(defaultStoreConfig, overrides, customizer)
  )
}
```

太棒了，现在你可以通过将覆盖传递给 createStore 函数来更改每个测试中的 store 了。使用例 8.9 的代码，再把 src/views/__tests__/ItemList.spec.js 里的 renders an Item with data for each item in displayItems 测试替换掉。

例 8.9 使用 createStore 工厂函数

```
test('renders an Item with data for each item in displayItems', () => {
  const $bar = {                                         <-- $bar 模拟，用以避免在挂载组件时报错
    start: () => {},
    finish: () => {}
  }
  const items = [{}, {}, {}]                  <-- 创建传入 store 的模拟项
  const store = createStore({                          <-- 使用模拟项创建 store
    getters: {
      displayItems: () => items
    }
  })
  const wrapper = shallowMount(ItemList, {           <-- 创建包装器
    mocks: {$bar},
    localVue,
    store
  })
  const Items = wrapper.findAll(Item)
  expect(Items).toHaveLength(items.length)            <-- 断言 ItemList 渲染了正确数量的 Item 组件
  Items.wrappers.forEach((wrapper, i) => {
    expect(wrapper.vm.item).toBe(items[i])
  })
})
```

如果运行 npm run test:unit，你可以看到刚才重构的测试通过了。然而，由于删除了 beforeEach 函数，许多其他的测试失败了。那些测试可以快速重构，不过在此之前，你需要创建另外一个工厂函数。

8.4 创建包装器工厂函数

在 Vue 组件的单元测试中，你可以使用 Vue Test Utils 创建已挂载组件的包装器对象。通常，你需要添加许多挂载选项来创建包装器，这使得它成为迁移到工厂函数的首要目标。

包装器工厂函数会返回一个带有默认挂载选项的包装器。为了沿用 createStore 的命名规范，我们就把它唤作 createWrapper。

createWrapper 函数和 createStore 函数很像，它可以携带一个可选的覆盖值，然后返回

一个已挂载组件的包装器。把例 8.10 中的 createWrapper 函数添加到 src/views/__tests__/ItemList.spec.js 中，放在 createStore 函数下面。

例 8.10 createWrapper 函数

```
function createWrapper (overrides) {          ← 接收可选的覆盖项
  const defaultMountingOptions = {            ← 定义默认的挂载选项
    mocks: {
      $bar: {
        start: jest.fn(),
        finish: jest.fn(),
        fail: jest.fn()
      }
    },
    localVue,
    store: createStore()                      ← 使用 createStore 函数创建默认 store
  }
  return shallowMount(                        ← 返回一个包装器
    ItemList,
    mergeWith(
      defaultMountingOptions,
      overrides,
      customizer
    )
  )
}
```

现在使用 createWrapper 重构第一个测试。打开 src/views/__tests__/ItemList.spec.js，使用例 8.11 的代码替换掉 renders an Item with data for each item in displayItems 测试：

例 8.11 在测试中使用 createStore 和 createWrapper

```
test('renders an Item with data for each item in displayItems', () => {
  const items = [{}, {}, {}]
  const store = createStore({                 ← 使用 createStore 工厂函数创建一个带有正确 displayItems getter 的 store
    getters: {
      displayItems: () => items
    }
  })

  const wrapper = createWrapper({ store })    ← 使用 createWrapper 工厂函数获取包装器，使用你创建的 store 作为覆盖值
  const Items = wrapper.findAll(Item)
  expect(Items).toHaveLength(items.length)
  Items.wrappers.forEach((wrapper, i) => {
    expect(wrapper.vm.item).toBe(items[i])
  })
})
```

现在运行测试 npm run test:unit，确保重构的测试仍然可以通过。只要你添加的代码正确，它肯定能够通过，不过许多其他失败的测试需要你的注意。

提示 重构测试之后，你应该检查它们是否仍然通过。如果你像我一样格外小心，可以编辑断言，以确保它仍然按预期运行。

在接下来的两个测试中，你不再需要模拟 store，因此也就无须把 store 传入 createWrapper 工厂函数。不过你一定要检查在测试中是否调用了 $bar 模拟对象中的方法。

工厂函数存在的一个问题是没有保持对用作创建对象的属性的函数或对象的引用。想要测试模拟函数是否被调用，就会出现问题。解决方法是在测试中创建一些模拟函数，然后把这些模拟函数以覆盖值的方式传入工厂函数，如例 8.12 所示：

例 8.12 使用工厂函数时保持对模拟项的引用

```
test('calls onClose prop when clicked', () => {
  const propsData = {
    onClose: jest.fn()          // 创建一个模拟函数
  }
  const wrapper = createWrapper({ propsData })   // 在 propsData 中传递模拟函数以覆盖默认选项
  wrapper.trigger('click')
  expect(propsData.onClose).toHaveBeenCalled()   // 断言模拟函数被调用了
})
```

在测试中，你需要保持对 $bar.start 函数的引用。使用例 8.13 的代码替换 calls $bar start on load 测试。

例 8.13 给 createWrapper 传递一个 mocks 对象

```
test('calls $bar start on render', () => {
  const mocks = {                 // 创建一个包含 $bar 对象的模拟对象
    $bar: {
      start: jest.fn()            // 把 $bar.start 设置为 jest 模拟函数
    }
  }
  createWrapper({ mocks })        // 创建一个包装器，无须把它赋值给变量。创建包装器时会挂载组件并调用 $bar.start 方法
  expect(mocks.$bar.start).toHaveBeenCalled()   // 检查 $bar.start 的引用是否被调用
})
```

执行 npm run test:unit，检查测试是否通过。现在你可以使用工厂函数去重构下一个测试了。使用例 8.14 代码替换掉 calls $bar finish when load successful 测试。

例 8.14 使用 createWrapper 工厂函数

```
test('calls $bar finish when load successful', async () => {
  const mocks = {
    $bar: {
      finish: jest.fn()
    }
  }
  createWrapper({ mocks })
  await flushPromises()
```

```
  expect(mocks.$bar.finish).toHaveBeenCalled()
})
```

再次执行 npm run test:unit，确保所有测试通过。下一个要重构的测试是 dispatches fetchListData with top。在该测试中，你需要创建一个 store 来帮你模拟 store 里的 dispatch 函数。之后把 store 传递给 createWrapper 函数，挂载组件，然后断言 dispatch 以正确的参数调用，使用例 8.15 的代码替换掉这个测试。

例 8.15　模拟 action

```
test('dispatches fetchListData with top', async () => {
  const store = createStore()                                  ◁ 创建 store
  store.dispatch = jest.fn(() => Promise.resolve())            ◁ 模拟 store 分发函数，以便检查它是否被调用
  createWrapper({ store })                                     ◁ createWrapper 将使用传入的 store 挂载组件

  await flushPromises()
  expect(store.dispatch).toHaveBeenCalledWith('fetchListData', ◁ 断言 dispatch 以正确的参数调用
➥ { type: 'top' })
})
```

最后一个要重构的测试是 calls $bar fail when load is unsuccessful。使用例 8.16 的代码替换该测试。

例 8.16　模拟失败的 action

```
test('calls $bar fail when fetchListData throws', async () => {
    const store = createStore({                                ◁ 使用 fetchListData action 创建一个 store，返回被拒绝的 promise
      actions: { fetchListData: jest.fn(() => Promise.reject()) }
    })
    const mocks = {
      $bar: {
        fail: jest.fn()
      }
    }
    createWrapper({ mocks, store })
    await flushPromises()
    expect(mocks.$bar.fail).toHaveBeenCalled()                 ◁ 断言 $bar.fail 被调用了
  })
```

恭喜！你已经重构了 ItemList.spec.js 下的所有测试。当你在第 10 章学习测试 Vue Router 的时候，你就会见识到工厂函数的强大之处。

在进入第 9 章学习之前，让我们回顾一下在本章学到的东西。

总结

- 工厂函数可以移除重复的逻辑。
- 使用工厂函数会使测试代码更加复杂。
- 即便在使用工厂函数时做出了权衡，也未必能从清除重复代码中受益。
- 可以使用 Lodash mergeWith 函数合并工厂函数中的选项，以便轻松覆盖默认选项。

练习

1. DRY 代表什么？
2. 在测试中使用工厂函数有什么好处？

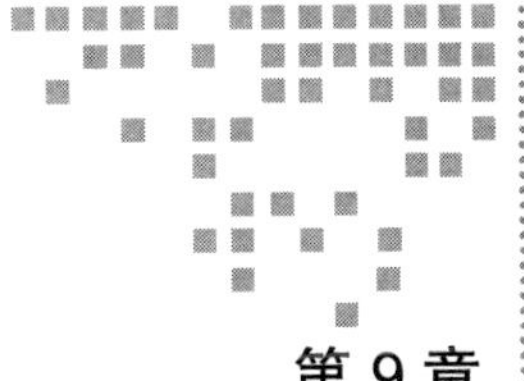

第9章 Chapter 9

了解 Vue Router

本章内容

- 了解客户端路由
- 了解 Vue Router
- 为项目添加 Vue Router

当单页面 web 应用变得越来越大时，你可能想把 UI 分放进不同的视图中。这时你可以使用 Vue Router 给客户端添加路由，在不刷新页面的情况下，实现页面间的导航跳转。

本章内容是为不熟悉 Vue Router 库的读者所准备的，是对 Vue Router 的相关介绍。在这里，你将学习服务端渲染、客户端渲染以及 Vue Router。在本章末尾，你将为 Hacker News 应用程序添加一个基础的 Vue Router 配置。

注释　如果你使用过 Vue Router，那么可以跳过本章，直接进入第 10 章。你需要把 GitHub 分支切换到 chapter-10 来跟随本章进行学习。

如果你之前写过 React 或者 Angular 应用，那么应该比较熟悉客户端路由的概念。如果没有也不用担心，本章的第一部分就是了解什么是客户端路由。你将了解网站传统的服务端路由，并将其与客户端路由方法进行比较。

在对客户端路由有了高度概览之后，你将进行 Vue Router 的学习，了解如何使用它给应用程序添加客户端路由。最后，你将为 Hacker News 应用程序安装 Vue Router。首先，让我们讨论一下路由。

9.1 了解路由

路由的定义取决于使用它的语境。本章路由的含义是根据 URL 路径为页面提供内容。

定义 路径是 URL 中域之后的部分。例如，在 URL https://my-website.com/something/1 中，/something/1 就是路径。

常见的网站都会有多个页面映射到 URL，你可以通过单击链接导航到它们。这可以通过以下两种方式触发：

- 在服务端路由中，从服务器请求并渲染新页面。
- 在客户端路由中，页面内容直接在客户端渲染，无须向服务端发新请求。

如果这个简短的解释没有让你弄清楚，不要着急，本节会对二者的区别进行一个更加详细的介绍。

9.1.1 了解服务端路由

服务端路由是将路径匹配到文件的传统方法。顾名思义，服务端路由是指由服务器来完成路由的工作。

回想一下 Hacker News 应用程序，当你在浏览器地址栏输入 https://news.ycombinator.com/ 并回车时，请求会被发送到服务器，服务器用路径对应的内容进行响应，这就是服务端路由。服务器处理响应，并且使用路径（/）来响应相应的内容。

Hacker News 页面顶部有链接到不同 Hacker News 信息流的链接。例如，图 9.1 展示了运行中的 Hacker News 导航条，其中包含了 Show 信息流的链接。

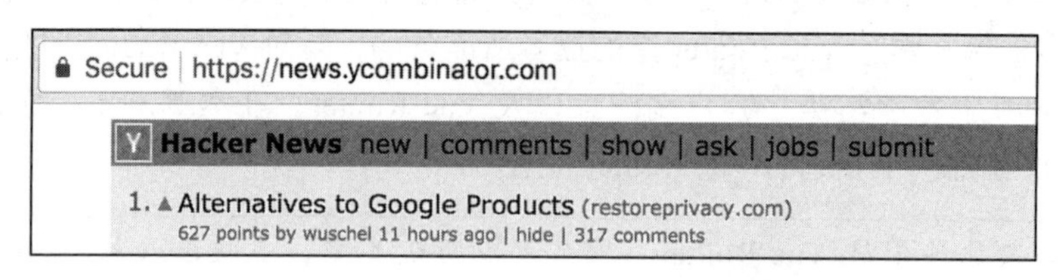

图 9.1 带有多个信息流链接的 Hacker News 网站

当用户点击 Show 链接时，浏览器会发给 https://news.ycombinator.com/show 一个新的请求，服务器接收到这个请求之后，会根据路径 /show 处理它，并返回匹配的文档。当浏览器接收到响应时，就会在页面加载新的文件内容（见图 9.2）。

这就是导航在使用服务端路由的应用程序上的工作方式——每次点击都会给服务器发送一个新的请求，服务器处理请求并返回正确的内容。自互联网出现以来，这种方式就已经在使用了，而且这个系统一直运行良好。但服务端路由确实会有一个很大的问题：浏览器每次加载新文档时，当前应用程序的状态值就会丢失。

我们有很多办法来解决这个问题——cookies、本地存储以及 URL 里的查询参数，它们都可以用来保存页面间的状态值。这些方法很有效，但同时也让开发变得更加复杂。通常，Vue 应用程序有很多状态值，用传统的方式很难将它们保留下来。刚好，这正是客户端路由可以大显身手的地方。

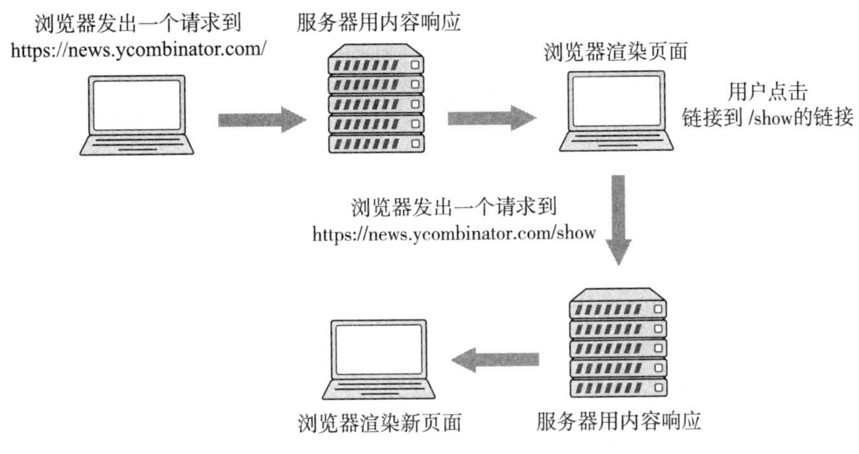

图 9.2　服务端路由

9.1.2　了解客户端路由

在客户端路由中，路由跳转的工作会在客户端完成。客户端路由可能很难理解（至少对我来说是这样），解释它的最好方式是通过单击 Hacker News 应用程序中链接的相同例子。

应用程序使用客户端路由时，仍然会对页面发出初始请求，该次由服务端进行路由操作。如果 Hacker News 应用程序是由客户端进行路由操作，就需要向 https://news.ycombinator.com/ 发送初始请求，然后服务器根据路径来完成响应，最后浏览器对接收到的文件进行渲染。

不同之处在于，无论服务器接收到的路径是 /new、/top 还是 /，它都会返回相同的内容。实际的路由跳转操作是在客户端完成的。当浏览器已经加载完 JavaScript 以及客户端路由库（如 Vue Router）之后，它就会根据 URL 的路径来渲染正确的内容。

当用户在浏览器中点击 /show 链接时，客户端路由将阻止浏览器向 https://news.ycombinator.com/show 发送新请求。作为替代，客户端路由会更改 URL 而不会导致页面重新加载，并且页面将使用 show 信息流的内容重新进行渲染（如图 9.3 所示）。这里的关键点是页面内容更新，但页面仍保留了与之前相同的 state。

客户端路由使得用户体验更加流畅，它们无须等待 HTTP 请求结束。同时也提高了开发体验，因为使用客户端路由开发在视图之间保持状态的应用程序要容易得多。

在 Hacker News 应用程序中，你将使用 Vue Router 为多个信息流链接提供跳转支持。在本章最后，你将会给应用程序添加一个基础的路由设置。在此之前，你需要了解一些有关 Vue Router 的基本概念。

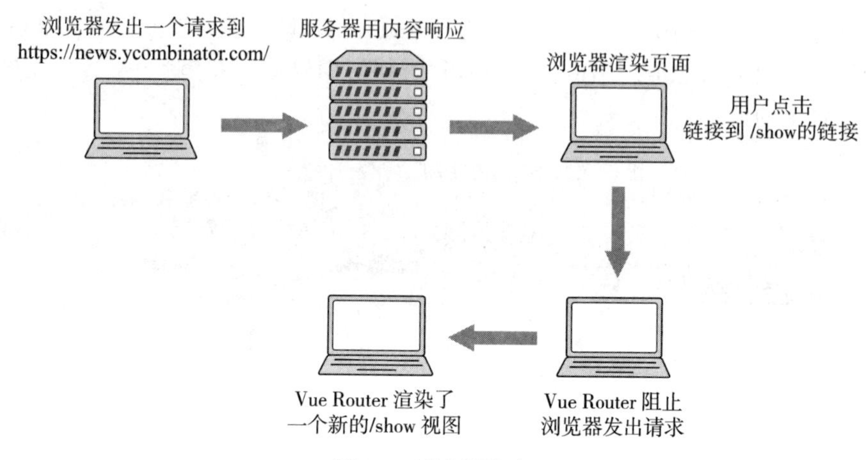

图 9.3　客户端路由

9.1.3　了解 Vue Router 的概念

Vue Router 是 Vue 客户端路由库。如果想给 Vue 添加客户端路由，那么你将用到这个库。目前为止，它是最前沿的 Vue 路由库，由 Vue 组织进行维护。

Vue Router 将 URL 的路径与其应渲染的组件配对。你可以使用一个路由数组来配置 Vue Router 要匹配的路径。

路由数组是由一组路径配置 (route config) 对象组成。一个路由配置对象有多个属性，其中最重要的是 path 和 component 属性。path 属性用来与 URL 的当前路径进行匹配，而 component 属性就是路径匹配后应该渲染的组件。

例 9.1 是一个路由数组的示例。在这个路由数组中，/item 路径会匹配 ItemView 组件，/ 路径会匹配 Main 组件。

例 9.1　路由数组

```
import Main from './Main.vue'
import ItemView from './ItemView.vue'

const routes = [
  { path: '/', component: Main },              <-- / 路径会匹配 Main 组件
  { path: '/item', component: ItemView }       <-- /item 路径会匹配 ItemView 组件
]
```

默认情况下，Vue Router 每次只会匹配一个路由。你需要渲染一个 RouterView 组件，这是 Vue Router 内置组件，用来渲染当前路由匹配到的组件。

你可以把 RouterView 理解为占位符。如果当前的路由是 /item, 并且 /item 匹配到了 ItemView 组件，那么 RouterView 组件将渲染为 ItemList 组件，如下所示：

```
<template>
  <router-view />
</template>
```

像 Vuex 一样，Vue Router 也是一个插件。你需要在 Vue 中先安装 Vue Router 才能使用 RouterView 组件，如例 9.2 所示：

例 9.2　使用 Vue Router 渲染 App 组件

```
import Vue from 'vue'
import VueRouter from 'vue-router'

const App = { template: '<div></div>' }

Vue.use(VueRouter)                                  在 Vue 中安装 Vue Router

const router = new VueRouter({                      创建一个路由实例，它会使用 / 路径匹配 App 组件
  routes: [{ path: '/', component: App }]
})

const app = new Vue({
  router,                                           把路由实例传递给 Vue
  el: '#app',
  template: '<router-view />'                       渲染匹配到的组件
})
```

你可以使用 Vue Router，借助路由数组和 RouterView 来渲染组件。Vue Router 还可以借助 RouterLink 在页面间进行跳转，而不会触发页面重载。RouterLink 组件接收一个 to 参数用以链接到某个路径，就像这样：

```
<router-link to="/item">item</item>
```

RouterLink 组件默认使用 <a> 元素进行渲染。当点击该元素时，Vue Router 会阻止浏览器重新加载该页面，并更新 URL，重新渲染 RouterView。

注释　当 Vue Router 被安装到 Vue 时，RouterLink 和 RouterView 会被注册为全局组件，因此无须再在本地注册。

这就是 Vue Router 的基本设置。你要了解的最后一个 Vue Router 特性是动态路由匹配。

9.1.4　了解动态路由匹配

动态路由匹配通常会使用路由的一部分来生成页面的内容。看一下路径为 /item/1234 的帖子，这里，路径的第二段部分就是帖子的 ID。在服务端渲染中，服务器通过这个 ID 生成相应的内容。你也可以用相同的方式在 Vue Router 中使用动态参数。

你可以在路径中定义动态路径参数，并使用“:”进行标示。例如，动态路径参数 id 就像下面这样：

```
import ItemView from './ItemView.vue'

const routes = [
  { path: '/item/:id', component: ItemView }   <—— 带有动态 id 参数的 /item 会匹配 ItemView 组件
]
```

在 Vue 实例中可以获取匹配到的动态路径参数，它位于 route 对象中，而 route 对象在 Vue Router 被安装到 Vue 时就已经被添加了。如下所示，你可以在组件中这样使用动态路径参数的值：

```
<template>
  <p>The ID is {{$route.params.id}}</p>
</template>
```

想要达到更加精准的匹配效果，你可以在动态路径中使用正则表达式。

注释 如果你对正则（正则表达式）不熟悉，可以在 MDN 上阅读它，网址为 http://mng.bz/edRZ。

下面的规则可以匹配任何值为 /top 或 /new 的路径，并将该值作为 type 属性存放到 $route.params 对象中。它也可以匹配一个可选的 page 路径参数：

```
const routes = [
  { path: '/:type(top|new)/:page?', component: ItemView }
]
```

在表 9.1 中，你可以看到一些高级路由模式的示例。

表 9.1 动态路径匹配

Pattern	Path	$route.params
/:type(top|new)	/top	{type: 'top'}
/:type(top|new)/:page	/new/123	{type: 'new', page: '123'}
/:type(top|new)/:page	/another-page/123	不匹配

注释 你可以在 Vue Router 文档中查看更多关于动态路由匹配的内容：网址为 https://router.vuejs.org/en/essentials/dynamic-matching.html。

现在你已经学习了 Vue Router 的基本概念，可以把它添加到 Hacker News 应用程序中了。

9.1.5 为应用程序添加 Vue Router

在本节中，你将为应用程序添加 Vue Router。本节的最后，Hacker News 应用程序将使用 Vue Router 来渲染 ItemList 组件。

首先，你需要安装 Vue Router。在命令行执行以下命令，将 Vue Router 作为依赖项进行安装：

```
npm install --save vue-router
```

现在你需要创建路由数组文件。Hacker News 应用程序支持五种路径：/top、/new、/show、/ask 和 /job。每个路径都对应不同的 Hacker News 列表。

你将用到动态路径匹配，使用 type 参数来匹配每个路径。该路径还将匹配一个可选的路径参数 page。因此路径为 /top/3 的路由就需要（在路由数组中）创建一个 $route.params 对象 { type: 'top', page: '3' }。该路由数组的第二个对象会把根路径 / 下的请求重定向到 /top，因此即使是在默认路由，也照样可以获取到 type 参数。

创建 src/router/routes.js 文件，添加例 9.3 中的代码：

例 9.3 路由配置（RouteConfig ）对象组成的数组

```
import ItemList from '../views/ItemList.vue'

export default [
  { path: '/:type(top|new|show|ask|job)/:page?', component: ItemList },
  { path: '/', redirect: '/top' }
]
```

设置动态 type 路径参数用以匹配 top、new、show、ask 和 job。同时支持可选的路径参数 page

重定向根请求到 /top，以便应用程序包含正确的属性

接下来，你将要创建一个路由配置文件。该配置文件需要输出一个对象，用来创建 router 实例。它和你在第 7 章中添加的 store 配置文件很类似。

配置对象包含两个属性：mode 和 routes。mode 用来设置 Vuc Router 以哪种方式控制 URL。你将使用 history 模式，它会告诉 Vue Router 使用底层的 window.history.pushState 方法来设置 URL, 而不触发页面的重新加载。routes 是一个路由数组，它定义了哪些路由应该被匹配到。

创建 src/router/router-config.js 文件，把例 9.4 中的代码添加进去。

例 9.4 路由配置文件

```
import routes from './routes'

export default {
  mode: 'history',
  routes
}
```

现在你可以使用路由配置文件创建一个路由实例，打开 src/main.js 入口文件，把下列 import 语句添加到现有 import 语句的下面：

```
import Router from 'vue-router'
import routerConfig from './router/router-config'
```

把下列代码添加到 src/main.js，放在创建 store 实例代码之后，创建 Vue 实例代码之前：

```
Vue.use(Router)
const router = new Router(routerConfig)
```

注释 如果你在将此代码添加到文件中时遇到困难，可以在 chapter-10 分支中的 src/main.js 下看到完成的文件。

和 Vuex 一样，当路由在入口文件实例化之后，需要将该路由实例传递给 Vue。把 src/mains.js 中的 Vue 实例化用下面的代码替换：

```
new Vue({
  el: "#app",
  store,
  router,
  render: h => h(App),
})
```

既然 Vue Router 已经设置成路径匹配，接下来就需要渲染一个 RouterView 组件用以呈现当前匹配到的组件。使用 RouterView 组件替换 src/App.vue 下的 ItemList 组件。

当你在编辑 App 组件时，应该添加 RouterLink 组件用以链接到不同类型的信息流。打开 src/App.vue，用例 9.5 中的代码将 <template> 代码块中的内容替换掉。

例 9.5　使用 RouterView 渲染组件

```
<template>
  <div id="app">
     <header class="header">
       <nav class="inner">                                    把链接添加到不同的路由
         <router-link to="/top">Top</router-link>
         <router-link to="/new">New</router-link>
         <router-link to="/show">Show</router-link>
         <router-link to="/ask">Ask</router-link>
         <router-link to="/job">Jobs</router-link>
       </nav>
     </header>
     <div class="view">
       <router-view :key="$route.params.type" />
     </div>
  </div>                          使用 <router-view> 组件渲染应用程序，并
</template>                       添加一个唯一的 key，使得当 type 改变时组件
                                  会渲染
```

太棒了，Vue Router 已经设置好并运行起来了！ 现在当你登录到 /top/2 时，应用程序将渲染 ItemList 组件。它与以前一样，只是现在可以使用 type 和 page 参数来动态地渲染不同的列表了。

值得一提的是，到目前为止，你还没有任何针对路由配置的单元测试。路由配置是一个永远不应该显式测试的例子。路由配置不会包含太多的逻辑，但路由配置的单元测试常常需要极限模拟。在本书后面的章节中，你将使用端到端测试对它进行间接测试。但是正

如我在第 7 章提到的，投入大量时间对配置文件进行详尽的测试是很不划算的。

第 10 章将对应用程序进行重构，并使用路由参数来渲染不同的组件。

总结

- Vue Router 解决了 Vue 应用程序中客户端路由的问题。
- Vue Router 使用路由数组进行配置。
- Vue Router 在 RouterView 中渲染匹配到的组件。
- 动态路径匹配会将匹配值添加到 $route.params 对象。

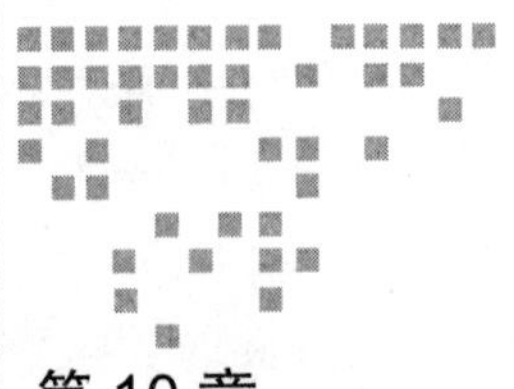

Chapter 10 第 10 章

测试 Vue Router

本章内容

- 为使用 Vue Router 属性的组件编写单元测试
- 为 RouterLink 组件编写单元测试
- 在 Vuex store 中使用 Vue Router 属性

Vue Router 是官方客户端路由库。如果要给 Vue 应用程序添加客户端路由，你会用到 Vue Router。因此，学习测试使用了 Vue Router 的应用程序是很有必要的。

为了学习 Vue Router 的测试技巧，你需要先完成 Hacker News 应用程序的开发工作。到目前为止，Hacker News 应用程序只渲染了一个单独的信息流页面。你将重构该应用程序以支持多信息流页面，并给它添加分页，以便用户可以在各信息流的页面间进行导航。

定义 分页指的是按页展示内容。Google 搜索页就是分页展示的，通过点击它你可以浏览不同的结果页（尽管你可能从来没这样做过）。

在第 9 章中，你给该应用程序添加了 Vue Router 配置。路由会匹配 Hacker News 的每一个信息流 /top、/new、/show、/ask 和 /job，并把这些值以 type 的形式添加到 $route.params 对象中。路由也会匹配一个可选的 page 参数。例如，路径 /top/2 会与 $route.params 对象 { type: 'top', page: '2'} 匹配。

通过这些值，你可以渲染不同的信息流，以及其中不同页的内容。要添加这些特性，你需要学习如何测试 Vue Router 实例属性，如何测试 RouterLink 组件，以及如何在 store 中获取 Vue Router 属性。

在本章的末尾，你将为 Hacker News 应用程序添加六个分页展示的信息流。第一个要测试的 Vue Router 属性就是路由属性。

注释　你将要使用第 9 章中创建的应用程序进行后续操作。如果你没有该应用程序，可以按照附录 A 中的说明查看 chapter-10 Git 分支。

10.1　测试路由属性

当 Vue Router 被安装到 Vue 上时，它会添加两个实例属性：$route 属性和 $router 属性。这些属性应该带有一个巨大的警告标志，因为它们可能会在测试中造成很多问题。$route 和 $router 作为只读属性被添加到了 Vue 实例中。在添加过后，它们的值将无法被重写。我将在本节的最后部分来展示如何避免这个问题。

$route 属性包含了有关当前匹配路由的信息，其中包括路由参数中的任何动态字段。在 Hacker News 应用程序中，你将使用动态参数获取不同的列表类型。假设路径为 /top，那么将获取 top 列表的列表项；如果路径为 /new，则将获取 new 列表的列表项。

另一个路由属性是 $router，它是你在入口文件中传递给 Vue 的路由实例。该 $router 实例包含了可以控制 Vue Router 的方法。举例，你可以使用它的 replace 方法，在页面不刷新的情况下更新其视图。

$route 属性是首先要为其编写测试的属性，该属性用于渲染不同的信息流类型及当前页。

10.1.1　测试 $route 属性

如果组件使用了 $route 实例属性，则该属性将成为组件的依赖项。当测试具有依赖关系的组件时，你需要模拟依赖关系以防止发生错误。

模拟 Vue router 实例属性的技巧与测试其他实例属性的技巧无异。你可以使用 Vue Test Utils 中的 mocks 挂载选项，将其添加为测试中的实例属性。如例 10.1 所示：

例 10.1　模拟 $route 属性

```
test('renders id param', () => {
  const wrapper = shallowMount(TestComponent, {
    mocks: {                          <-- 添加模拟的 $route
      $route: {                           实例属性
        params: {
          id: 123
        }
      }
    }
  })
  expect(wrapper.text()).toContain('123')     <-- 断言组件把 id
})                                                参数渲染为文本
```

在 Hacker News 应用程序中，你将通过 $route.params 属性来获取当前列表类型的列表项，渲染当前页面值。

你需要为以下规格说明添加测试：

- ItemList 会使用 $route.params.type 分发 fetchListData action。
- 当 page 参数为 1 且 maxpage 为 5 时，itemlist 渲染第 1 页的内容。
- 当 page 参数为 2 且 maxpage 为 5 时，itemlist 渲染第 2 页的内容。

要编写的第一个测试是对现有测试的重构，该测试会分发一个带有 $route.params.type 值的 fetchListData action。目前，在 ItemList 组件里，你可以在组件挂载时分发一个 type 为 top 的 fetchListData action。ItemList 始终会先获取 top 列表的列表项。

使用 $route.params.type 重构此测试及组件，以便根据 URL 来获取不同的列表。别忘了，URL 为 /new/2 的 $route.params 对象是 { type: 'new', page: '2' }。

在测试里，你可以借助 mocks 选项把 $route 当作实例属性传递进去，断言 dispacth 以正确的参数调用。打开 src/views/__tests__/ItemList.spec.js，找到 dispatches fetchListData with top 测试代码，使用例 10.2 中的代码替换。

例 10.2 向组件传递 prop

```
test('dispatches fetchListData with $route.params.type', async () => {
  expect.assertions(1)
  const store = createStore()                          ◁ 使用工厂函数创建一个 store
  store.dispatch = jest.fn(() => Promise.resolve())   ◁ 把 store 的 dispatch 方法用模拟方法替换

  const type = 'a type'
  const mocks = {                ◁ 模拟 $route.params.type 的值
    $route: {
      params: {
        type
      }
    }
  }
  createWrapper({ store, mocks })
  await flushPromises()
  expect(store.dispatch).toHaveBeenCalledWith('fetchListData', { type })  ◁ 断言使用了正确的参数来调用 dispatch
})
```

现在，使用 $route.params.type prop 重构 src/views/ItemList.vue 中的 dispatch 调用：

```
this.$store.dispatch('fetchListData', {
  type: this.$route.params.type
})
```

执行 npm run test:unit，检查测试是否通过。很遗憾，测试失败了。你刚才编写的测试确实是通过了，但是其他的测试都失败了！问题是，所有现有的测试都没有把 $route.

params 当作实例属性，因此当 ItemList 试图去获取 $route.params 的值时就会产生错误。对于这些错误的测试，你需要把 $route 作为实例属性添加进去，以便 ItemList 在试图获取 $route.params 的值时代码不会报错。

修补 $router 和 $route 的方法

是否还记得漏水桶的比喻？访问由 Vue Router 注入属性的组件有很多要修补的问题。你有两种方法可以给测试中的组件添加 $route 和 $router。

首先，你可以使用 localVue 安装 Vue Router。如果你正在测试的组件需要访问 $route 和 $router 上的属性和方法，而不需要在测试中使它们的值受控，那么这种方法很实用。记住，安装 Vue Router 时会把 $route 和 $router 的值设置为只读，因此你无法在测试中使它们的值受控。

要控制 $route 和 $router 对象中包含的数据，你需要使用 mocks 挂载选项。mocks 挂载选项使得属性在每个挂载组件内都可用。

在这里，工厂函数又可以大放异彩了。不用编辑现有的测试，只需修改唯一的工厂函数并添加新的默认选项即可。向 createWrapper 工厂函数使用的 mocks 对象添加 $route 对象。

打开 src/views/__tests__/ItemList.spec.js，并在 mocks 对象的 createWrapper 函数中添加一个 $route 对象。因为 ItemList 在生产中总会有一个 type 参数，所以可以给 type 设置一个默认的值，如下所示，保留 page 的 undefined 值，因为它在生产环境中可能是未定义的：

```
$route: {
  params: { type: 'top' }
},
```

现在运行 npm run test:unit 进行测试，好极了，漏桶修好了，所有的测试都已通过。

通过这个小小的修改，就可以添加对多个列表的支持。执行 npm run server，打开开发服务器，然后试一下，如果你点击了标题中的链接，那么应用会渲染不同的列表，太奇妙了！

目前只有几个页面，并且已经添加了对多列表的支持。本章其余部分将用于添加分页的内容介绍。

由于应用程序从 API 接口获取到的是数量未知的列表项，而每个页面会渲染 20 个，因此应用程序应该指出存在多少个页面，并在 ItemList 中渲染出当前页和最大页。举例，如果当前页是第 2 页，store 中含有 21 页的列表项。应用程序就会渲染文本“2/21”。你可以访问 $route.params 对象上的当前页，并且可以从在第 7 章中编写的 maxPage getter 中获取 page 的最大值。

你还需要编写两个测试来检查是否渲染了正确的页面信息。其中一个是测试设置 $route.

params.page 和 maxPage 的 getter。另一个测试是处理 $route.params 对象为空的情况。

首先你要添加一个当 $route.params.page 的值为 undefined 时的测试。如果当前路径中没有包含 page 字段，page 参数即为 undefined。因此假如路径是 /top，page 参数就是 undefined。在这种情况下，你应该渲染首页的内容。

在测试中，你将使用返回值为 5 的 maxPage getter 创建 store, 然后断言组件文本中包含“1/5”。把例 10.3 中的代码添加到 src/views/__tests__/ItemList.spec.js 中的 describe 代码块中。

例 10.3　使用 maxPage getter 创建一个 store

```
test('renders 1/5 when on page 1 of 5', () => {
  const store = createStore({
    getters: {
      maxPage: () => 5          <-- 设置 maxPage getter 返回 5
    }
  })
  const wrapper = createWrapper({ store })
  expect(wrapper.text()).toContain('1/5')     <-- 断言 ItemList 渲染了“1/5”
})
```

第二个测试是检查如果 $route.params.page 属性存在的话，应用程序是否展示了正确的页面内容。想要检查这个，你需要模拟 $route.params 对象。把例 10.4 中的代码添加到 src/views/__tests__/ItemList.spec.js。

例 10.4　模拟 $route.params

```
test('renders 2/5 when on page 2 of 5', () => {
  const store = createStore({
    getters: {
      maxPage: () => 5
    }
  })
  const mocks = {
    $route: {
      params: {
        page: '2'
      }
    }
  }
  const wrapper = createWrapper({ mocks, store })
  expect(wrapper.text()).toContain('2/5')
})
```

确认执行 npm run test:unit 时测试失败了。现在，在 Itemlist 中渲染正确的当前页 / 总页数使测试通过。把例 10.5 中代码添加到 <template> 代码块。

例 10.5 在 template 中使用 $route.params 值

```
<span>
  {{$route.params.page || 1}}/{{$store.getters.maxPage}}
</span>
```

使用路由的 params 和 maxPage 展示当前页 / 最大页，如果没有 page 参数则默认为 1

使用 npm run test:unit 运行测试。很好，测试通过了。

你假定的是页面参数始终有效的情况。做出这些假定是很危险的，这是因为用户可以通过更改 URL 来控制页面参数。如果 page 值无效，你应该添加一些代码来处理无效值，并重定向到有效页。为此，你将学习如何测试 $router 属性。

10.1.2 测试 $router 属性

$router 是一个路由实例，它包含了以编程方式控制路由的辅助方法。由于 $router 是一个实例属性，因此你可以使用 Vue Test Utils 的 mocks 挂载项在测试中控制 $router 的值。

应用程序内部会使用页面的 URL 来渲染相应的页面。因此，当用户登录 /top/5，并且该类型下有 40 页的内容时，那么他们会看到 40 页中的第 5 页（5/40）。

但是如果用户登录的是 /top/500，而该类型下只有 10 页时又会发生什么？此时 ItemList 会渲染‘500/10’。对用户来说，这看起来就是一个 bug。此时你应该重定向到列表项的第一页，而不是让用户停留在一个看起有 bug 的页面。

你可以使用 $router.replace 方法给用户发送不同的页面。$router.replace 会替换掉当前的 URL，更新 RouterLink，它就像你代码里的重定向。

你将添加一个测试，检查如果 page 参数超过了最大页数，组件是否会调用 replace 方法将页面替换为用户所在的当前列表的第一个页面。把例 10.6 代码添加到 src/views/__tests__/ItemList.spec.js 中的 describe 代码块之后。

例 10.6 测试 router.replace 调用

```
test('calls $router.replace when the page parameter is greater than the max
    page count', async () => {
  expect.assertions(1)
  const store = createStore({
    getters: {
      maxPage: () => 5
    }
  })
  const mocks = {
    $route: {
      params: {
        page: '1000'
      }
    },
    $router: {
      replace: jest.fn()
```

生成模拟项传递给 createWrapper

```
    }
  }
  createWrapper({ mocks, store })
  await flushPromises()
  expect(mocks.$router.replace).toHaveBeenCalledWith('/top/1')
})
```

断言 $router.replace 被正确的参数调用

执行 npm run test:unit，确认测试带着一个断言错误失败了。现在你需要更新组件执行重定向。把 $router.replace 调用添加到 loadItems 方法中，放在初始调用 fetchListData 之后。如果你在 fetchListData 完成之前调用它，那么将无法从 store 获取正确的值去计算有多少页。

打开 src/views/ItemList.vue，使用例 10.7 代码替换掉 loadItems 方法。

例 10.7 调用 $router.replace

```
loadItems () {
  this.$bar.start()
  this.$store.dispatch('fetchListData', {
    type: this.$route.params.type
  }).then(() => {
    if (this.$route.params.page > this.$store.getters.maxPage) {
      this.$router.replace(`/${this.$route.params.type }/1`)
      return
    }
    this.$bar.finish()
  })
  .catch(() => {
    this.$bar.fail()
  })
}
```

执行 npm run test:unit，单元测试再次通过。你可以编写其他测试，去检查不同的页面参数是否被正确处理。例如，当路径是 /top/abc 或者是 /top/-123 时又会发生什么情况？

检查它们的测试方法和你刚才编写的类似，在这里就不进行赘述了。

恭喜，你已经为使用了 $route 和 $router 属性的逻辑代码添加好了测试——这是编写测试里最让人不爽的实例属性。它们之所以令人不爽，是因为它们有一个让许多开发人员措手不及的常见陷阱。

10.1.3 避免常见的陷阱

Vue Router 安装之后，$route 和 $router 属性也一并作为只读属性添加进了 Vue 构造函数原型。无论你做什么，Vue Router 的属性值被添加到 Vue 原型之后，都无法被覆盖。我见过很多人被这个所困扰，这可能是人们向我提出的最常见的问题！

还记得在第 9 章中我说过基础 Vue 构造函数就像一个原件吗？你不应该在原件上进行编写，因为每一个函数都是从原件复制的，它们也会携带你在原件编写的内容。给 Vue 基础构造函数安装的 Vue Router 就像是一个永久标记，它会污染整个原件。Vue Router 属性无法被去除，无论怎么做，都再也无法对它们进行覆盖。

我之前已经讲过为什么应该使用 localVue 构造函数，而避免直接在基础构造函数上安装。这对 Vue Router 的使用来说极为重要。在测试中总是要用 localVue 来安装 Vue Router。你必须确保在测试中没有一个文件是借助 Vue Router 调用 Vue.use 来引入文件的。很容易就会意外导入包含 Vue.use 的文件。即使你没有运行该模块，如果模块被导入了，它里面的代码也会执行。你可以看图 10.1 的例子。

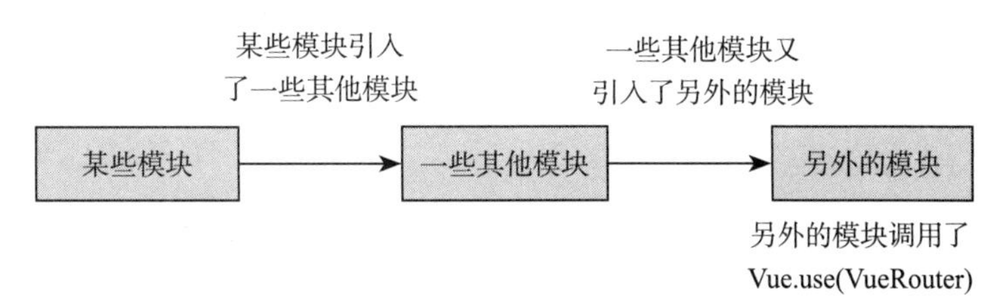

图 10.1　导入模块时无意间调用了 Vue.use

我相信你现在已经了解了在 Vue Router 测试中需要注意的事项。既然你已经知道了要避免在 Vue 基础构造函数上安装 Vue Router，现在是时候来学习一下如何测试 Vue Router 组件了。

10.2　测试 RouterLink 组件

RouterLink 组件是对 Vue Router 的补充，它通过友好的链接方式进行不同页面间的导航。如果要使用逻辑代码来渲染 RouterLink 组件，那么你就应该为它们编写测试。

为了学习如何测试 RouterLink 组件，你需要给 Hacker News 应用程序添加分页链接。应用程序会渲染链接到上一页或下一页的 RouterLink 组件。例如，如果你正处于 /top/3, 你会想要渲染一个链接到 /top/2, 另一个链接到 /top/4 的 RouterLink 组件（如图 10.2）。如果之前没有可以导航的页面，则渲染一个 href 为空的 <a> 标签即可（如图 10.3）。

图 10.2　位于第三页的分页　　图 10.3　位于第一页的分页

为 ItemList 编写下面四个测试，检查导航链接是否被正确渲染：

- 如果上一页存在，渲染一个链接到上一页的 RouterLink。
- 如果上一页不存在，渲染一个空 href 的 <a> 标签。
- 如果下一页存在，渲染一个链接到下一页的 RouterLink。
- 如果下一页不存在，渲染一个空 href 的 <a> 标签。

想要创建一个链接到其他视图的 RouterLink 组件，你需要给 RouterLink 传递一个带有

path 的 to prop，就像这样：

```
<router-link to="/top/2">top</router-link>
```

要测试链接到其他页的 RouterLink 组件，你需要断言 RouterLink 组件接收到了正确的 to prop。别忘了，你可以使用包装器的 find 方法测试组件的 prop。使用 find 选择器获取渲染输出后匹配到的节点包装器，如例 10.8 所示。

例 10.8　测试 ChildComponent 是否收到了 prop

```
import { shallowMount } from '@vue/test-utils'
import ChildComponent from './ChildComponent.vue'
import ParentComponent from './ParentComponent.vue'

test('renders Child', () => {
  const wrapper = shallowMount(ParentComponent)
  expect(wrapper.find(ChildComponent).props().to).toBe('/path')   // 断言 ChildComponent 收到了值为 /path 的 to prop
})
```

问题是，Vue Router 并没有导出 RouterLink 和 RouterView 组件，因此无法把 RouterLink 当作选择器使用。解决方法是控制渲染成 RouterLink 的组件，把这个受控组件用作选择器。你可以使用 Vue Test Utils 控制已渲染组件。当 Vue 父组件渲染子组件时，Vue 会试图在父组件实例上对子组件进行解析。你可以使用 Vue Test Utils 的 stubs 选项覆盖这个过程。例如，你可以设置组件把所有的 RouterLink 组件以 <div> 元素的形式进行解析，如例 10.9 所示。

例 10.9　在测试中存根 RouterLink

```
const wrapper = shallowMount(TestComponent, {
  stubs: {
    RouterLink: 'div'   // 设置所有的 RouterLink 组件以 <div> 元素渲染
  }
})
```

提示　你可以在 stubs 挂载选项中使用组件名，以驼峰形式或者首字母大写形式，因此 router-link、routerLink 和 RouterLink 都可以存根 RouterLink 组件。

Vue Test Utils 可以输出一个表现就像 RouterLink 的 RouterLinkStub 组件。你可以存根所有的 RouterLink 组件，把它们解析为 RouterLinkStub 组件，使用 RouterLinkStub 作为选择器，如例 10.10 所示。

例 10.10　使用 RouterLinkStub

```
import { shallowMount, RouterLinkStub } from '@vue/test-utils'
import ParentComponent from './ParentComponent.vue'

test('renders RouterLink', () => {
```

```
  const wrapper = shallowMount(ParentComponent, {
    stubs: {
      RouterLink: RouterLinkStub          ◁— 使用 RouterLinkStub 组件存根
    }                                        RouterLink 组件
  })
  expect(wrapper.find(RouterLinkStub).props().to).toBe('/path')
})
```

注释　你可以在 vue-test-utils 文档中阅读更多关于 stubs 挂载选项的内容：https://vue-test-utils.vuejs.org/api/options.html#stubs。

你将使用这种存根技术来测试渲染的 RouterLink 是否带有正确的 prop。在 ItemList 测试文件中，把 RouterLink 添加到 createWrapper 工厂函数中的 stubs 选项下。同时像下面这样，在 /views/__tests__/ItemList.spec.js 中，把 RouterLinkStub 从 Vue Test Utils 引入进来：

```
import { shallowMount, createLocalVue, RouterLinkStub } from '@vue/test-utils'
```

接下来，在 createWrapper 工厂函数中，给 defaultMountingOptions 对象添加一个 stubs 属性，使用 RouterLinkStub 存根所有的 RouterLink 组件：

```
stubs: {
  RouterLink: RouterLinkStub
}
```

现在可以把 RouterLinkStub 组件用作选择器，查找渲染后的 RouterLink 组件了。第一个要编写的测试是检查如果上一页存在，ItemList 是否渲染了链接到上一页的 RouterLink。在这个测试中，你需要查找 RouterLinkStub，检查其 to prop 以及文本内容是否正确。

把例 10.11 中的代码添加到 src/views/__tests__/ItemList.spec.js 中的 describe 代码块。

例 10.11　使用 RouterLinkStub 查找组件

```
test('renders a RouterLink with the previous page if one exists', () => {
  const mocks = {                        ◁— 创建模拟项传递给 createWrapper 工
    $route: {                               厂函数
      params: { page: '2' }
    }
  }                                         使用 RouterLinkStub 选择器
  const wrapper = createWrapper({ mocks })  查找已存根的 router-link

  expect(wrapper.find(RouterLinkStub).props().to).toBe('/top/1')   ◁—
  expect(wrapper.find(RouterLinkStub).text()).toBe('< prev')
})
```

你可以编写其他测试来确保 ItemList 组件渲染了链接到下一页的 RouterLink。要实现这个，你需要使用 createStore 工厂函数，创建一个拥有足够列表项来生成下一页的 store。把例 10.12 中的两个测试添加到你的测试套件中。

例 10.12 把 RouterLinkStub 作为选择器

```
test('renders a RouterLink with the next page if one exists', () => {
  const store = createStore({
    getters: {
      maxPage: () => 3
    }
  })
  const mocks = {
    $route: {
      params: { page: '1' }
    }
  }
  const wrapper = createWrapper({ store, mocks })
  expect(wrapper.find(RouterLinkStub).props().to).toBe('/top/2')
  expect(wrapper.find(RouterLinkStub).text()).toBe('more >')
})
test('renders a RouterLink with the next page when no page param exists', () => {
  const store = createStore({
    getters: {
      maxPage: () => 3
    }
  })
  const wrapper = createWrapper({ store
})
  expect(wrapper.find(RouterLinkStub).props().to).toBe('/top/2')
  expect(wrapper.find(RouterLinkStub).text()).toBe('more >')
})
```

在为 ItemList 组件添加代码之前，你应该为上一页不存在或下一页不存在的情况编写测试。

当上一页不存在时，ItemList 应该渲染一个带有空 href 的 <a> 标签，其样式显示为不可用。当下一页不存在时也一样。把例 10.13 中的测试添加到 src/views/__tests__/ItemList.spec.js 中的 describe 代码块中。

例 10.13 测试 router-link 是否渲染

```
test('renders an <a> element without an href if there are no previous pages',
    () => {
  const wrapper = createWrapper()                        断言 <a> 元素没有 href

  expect(wrapper.find('a').attributes().href).toBe(undefined)
  expect(wrapper.find('a').text()).toBe('< prev')   断言 <a> 元素包含正确的
})                                                     文本

test('renders an <a> element without an href if there are no next pages', ()
    => {
  const store = createStore({
    getters: {
      maxPage: () => 1              设置 maxPage 为 1，因此不会有
    }                               下一页需要链接
  })
  const wrapper = createWrapper({ store })
```

```
  expect(wrapper.findAll('a').at(1).attributes().href).toBe(undefined)
  expect(wrapper.findAll('a').at(1).text()).toBe('more >')
})
```

现在在 ItemList 中渲染 RouterLink 组件来使测试通过。把例 10.14 代码添加到 src/views/ItemList.vue 中的 <template> 代码块。警告：代码看起来会不太美观。

例 10.14　在 template 中使用 router-link

```
<router-link
  v-if="$route.params.page > 1"
  :to="'/' + $route.params.type + '/' + ($route.params.page - 1)">   ← 使用 type 和 page 参数创建一个链接到上一页的链接
  &lt; prev   ← 转义 < 字符，避免潜在的 HTML 解析错误
</router-link>
<a v-else>&lt; prev</a>   ← 如果上一页不存在，渲染一个 <a> 元素
<span>{{ $route.params.page || 1 }}/{{ $store.getters.maxPage }}</span>
<router-link
  v-if="($route.params.page || 1) < $store.getters.maxPage"   ← 如果下一页存在，为其构造一个链接
  :to="'/' + $route.params.type + '/' + ((Number($route.params.page) || 1) + 1)">
    more &gt;
</router-link>
<a v-else>more &gt;</a>
```

运行测试并观察它们是否通过。template 中的代码实在太糟糕了，里面有很多重复的内容，它实在很难阅读，这部分要优先重构。添加它的原因是它很简单，并且能够让测试通过。既然测试已经通过，你可以自由地重构组件了。当有单元测试时，重构是一件很简单的事，本章我就不演示如何重构了，但是你可以自行重构，并与 chapter-11 分支的内容进行比较。

在测试中渲染 Vue Router 组件

当你安装 Vue Router 时，Vue Router 组件会被注册为全局组件。只有在 Vue 实例被实例化之前，Vue Router 被安装到 Vue 构造函数上时，组件才能渲染它们。如果你挂载了一个渲染了 RouterLink 或者 RouterView 的组件，而没有对它们进行存根或者没有在 localVue 构造函数上安装 Vue Router，测试输出中就会报出警告信息。

推荐在包装器工厂函数里使用 stubs 挂载选项来存根这些组件，而不是在 localVue 构造函数中安装 Vue Router，以便在需要时对 Vue Router 属性进行覆盖。

现在你已经在 ItemList 组件中渲染了分页链接和当前页，不过，还存在一个问题，分页页面渲染出来的内容并没有变化。为了能够更改渲染出来的列表项，需要使用路由 page 参数来修改 displayItem getter。可以通过同步 Vuex 和 Vue Router 的数据来实现。

10.3 Vuex 与 Vue Router 配合使用

在 Vuex store 中使用 Vue Router 的属性可能会很实用。你可以使用 vuex-router-sync 库同步 Vuex 和 Vuex Router，使 route 对象在 store 中也可以被获取到。

在 Hacker News 应用程序中，你会用到定义在 route.params 中的当前页码，使用它渲染正确的列表项并添加分页。你可以通过更新 displayItems Vuex getter 来实现，从而可以使用 route 对象中的当前 page 参数。

10.3.1 把路由添加到 store

你需要把路由添加到 store, 从而可以在 store getter 中获取到 $route.params 对象，你可以使用 vuex-router-sync 库帮你添加 route 对象。

第一步就是把这个包作为依赖项进行安装，运行下列安装命令：

```
npm install --save vuex-router-sync
```

添加下列 import 语句到 src/main.js 中：

```
import { sync } from 'vuex-router-sync'
```

如下，在 src/main.js 中，当你创建完 store 和路由实例之后，调用 sync 来使它们同步：

```
sync(store, router)
```

现在，store 中会包含一个 route 对象，该对象与组件实例中的 $route 值相同。

10.3.2 在 store 中使用路由参数

要添加分页，你需要根据当前 page 参数显示一系列列表项。例如，如果你正在第 2 页，则应该展示第 20 到第 40 之间的列表项。而如果你正在第 10 页，则应该展示第 200 到第 220 之间的列表项。通过这种方式，用户感觉起来才会像是在不同的页面间进行导航一样。

在应用程序中，你可以使用 displayItems getter 返回的列表项进行渲染。目前，displayItems 会从 state.items 中返回前 20 个列表项。为了实现分页，你需要更新 getter，使用 route.params.page 的值来计算应该返回哪些列表项。

你需要为 displayItems getter 添加一个新的测试，检查当路由 page 参数为 2 时 , 返回值是否是索引为 20 到 40 的列表项。在测试中，你将创建一个数字数组作为模拟项使用，然后创建一个模拟的 state 对象。你可以使用模拟的 state 调用 displayItems, 检查 getter 是否返回了正确的列表项。把例 10.15 的代码添加到 src/store/__tests__/getters.spec.js，放在 describe 代码块之中。

例 10.15 测试使用了 route 对象的 getter

```
test('displayItems returns items 20-40 if page is 2', () => {
```

```
  const items = Array(40).fill().map((v, i) => i)
  const result = getters.displayItems({
    items,
    route: {
      params: {
        page: '2'
      }
    }
  })
  const expectedResult = items.slice(20, 40)
  expect(result).toEqual(expectedResult)
})
```

创建一个包含 21 个列表项的数组。每个列表项就是该列表项的索引，因此该数组就是 0，1，2，3 直到 39

使用模拟的 state 调用 displayItems

设置模拟的 page 参数为 2

断言 displayItems 返回的项是数字 19 到 39

你将添加另一个测试用例，以确保 getter 在没有整页数量的列表项时返回剩余的列表项。把例 10.16 中的代码添加到 src/store/__tests__/getters.spec.js 中的 describe 代码块中。

例 10.16 测试使用了 route 对象的 getter

```
test('displayItems returns remaining items if there are insufficient
➥ items', () => {
  const numberArray = Array(21).fill().map((v, i) => i)
  const store = {
    items: numberArray,
    route: {
      params: {
        page: '2'
      }
    }
  }
  const result = getters.displayItems(store)
  expect(result).toHaveLength(1)
  expect(result[0]).toEqual(numberArray[20])
})
```

创建一个包含 21 个列表项的数组。每个列表项就是该列表项的索引，因此该数组就是 0，1，2，3 直到 20

断言该项是数组列表项中的最后一项

你需要更新 displayItems 来使测试通过。打开 src/store/getters.js，使用例 10.17 中的代码替换掉 displayItems getter。代码使用了“或”操作符给 page 设置了一个默认值 1。如果 Number(state.route.params.page) 返回一个数字，这个表达式会被作为真值计算，然后返回这个数字。如果 Number(state.route.params.page) 返回 undefined，这个表达式会被作为假值计算，然后返回值 1。

注释 如果你对“或”操作符的使用有困惑，请查看 MDN 上的指南，它解释了逻辑运算符如何返回值——http://mng.bz/zMMg。

例 10.17 在 Vuex getter 中使用 route 参数

将 state.route.params.page 强制转为数字，如果 page 未定义则默认为 1

```
displayItems (state) {
  const page = Number(state.route.params.page) || 1
```

```
    const start = (page - 1) * 20        <-- 计算应该从数组的哪个地方进行截取
    const end = page * 20                <-- 计算最后一项在数组的哪个位置

    return state.items.slice(start, end) <-- 返回包含正确项的数组
  },
```

现在运行测试。太棒了，新测试通过了，不过另一个单元测试却失败了，它出现了糟糕的类型错误。

原因是之前调用 displayItems getter 的测试中没有 route 对象。这就意味着当 displayItems 尝试获取 route.params 时，会出现类型错误。要解决这个问题，你需要更新之前的测试，使其包含一个带有空 params 对象的 route 对象。

打开 src/store/__tests__/getters.spec.js，更新 display Items returns the first 20 items from the list matching state.displayItems 测试。在 state 对象中，像下面这样给 route 对象添加一个空的 params 对象：

```
const state = {
  // ..
  route: {
    params: {}
  }
}
```

现在运行测试。你还有一个失败的测试要处理：src/store/__tests__/store-config.spec.js 中的测试报错了。到处是要修补的地方！不过还好，还是同样的问题——route 未定义。这个测试中，你没有模拟 state，所以需要在测试中使用 vuex-router-sync 来同步 router 和 store。

你需要创建一个 router 实例，并且在创建 store 实例之前调用 vuex-router-sync 中的 sync 方法。打开 src/store/__tests__/store-config.spec.js，如下，从 vuex-router-sync 引入 sync：

```
import Router from 'vue-router'
import { sync } from 'vuex-router-sync'
import routerConfig from '../../router/router-config'
```

把例 10.18 中的代码添加到 src/store/__tests__/store-config.spec.js 中，其目的是创建一个初始 state，就像你在应用程序的入口文件中创建的一样。

例 10.18 在 localVue 中同步 Vuex 和 Vue Router

```
localVue.use(Vuex)
localVue.use(Router)                         <-- 在 localVue 构造函数上安装 Vue Router
const store = new Vuex.Store(storeConfig)
const router = new Router(routerConfig)      <-- 创建一个新的路由实例
sync(store, router)                          <-- 同步 store 和 router，使得 store 在其 state 中包含一个 router 对象
```

现在你已经设置好了 displayItems getter 来解决分页问题。这也就意味着该应用程序将能够支持分页了。启动开发服务器 npm run server，然后打开开发服务器进行查看。

应用程序现在看起来不错。它可以渲染不同的信息流，拥有分页功能，并且可以在各信息流页面之间进行导航。在第 11 章中，你将学习如何编写和测试 mixin 和过滤器（filter），以便为 UI 添加最后的润色。

总结

- 当 $route 和 $router 属性被安装到 Vue 基类（base class）时，它们会造成难以调试（difficult-to-debug）的问题。
- RouterLink 组件可以使用 Vue Test Utils 的 stubs 挂载选项进行测试。
- 你可以使用 vuex-router-sync 库同步 Vuex 和 Vue Router。

练习

1. 编写一个测试，检查下面的组件是否使用了 Vue 的实例值 $route.path 来调用 injectedMethod？

```
// TestComponent.vue
<script>
export default {
  beforeMount() {
    this.injectedMethod(this.$route.path)
  }
}
</script>
```

2. 如果想要在 Vuex store 中使用当前的 $route 值，可以使用哪个库？

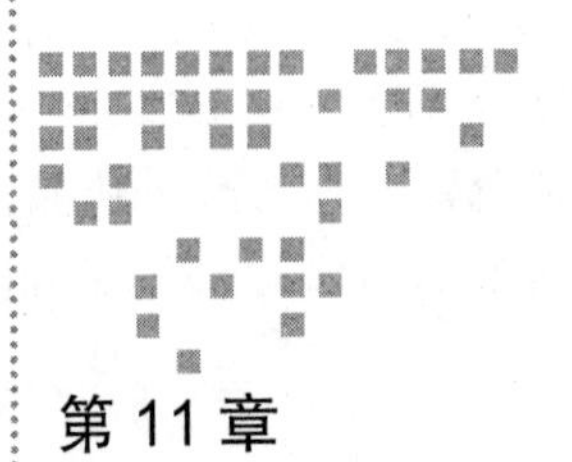

Chapter 11 第11章

测试mixin和过滤器

本章内容

- 在项目中使用Vue mixin和过滤器
- 为Vue mixin和过滤器编写单元测试
- 为使用了Vue mixin和过滤器的组件编写单元测试

mixin和过滤器是向Vue组件添加可复用功能的极佳方法。在本章中，你将了解什么是mixin和过滤器，以及如何为它们编写单元测试。

在本书当前阶段，Hacker News应用程序看起来已经很好了。你有Vue、Vue Router和Vuex这三种Vue应用程序，它们一起工作，创建了一个动态的Hacker News信息流。在本章中，你将添加一些收尾工作来改进UI。

11.1节介绍mixin。你将了解什么是mixin，以及如何通过创建一个可以根据当前呈现的视图设置文档标题的mixin来测试它们。你会学到如何为mixin自身编写单元测试，以及为使用了mixin的组件编写单元测试。

在添加完mixin之后，我会教你如何测试过滤器。同样，你将了解什么是过滤器，如何为过滤器编写单元测试，以及如何为使用了过滤器的组件编写单元测试。

让我们先来看一下mixin。

11.1 测试mixin

mixin可以向Vue组件添加功能（本章后面会对mixin进行更加健壮的定义）。它们可以包含复杂的逻辑，因此学习如何测试它们非常重要。

目前，Hacker News 应用程序的文档标题是 vue-hackernews，这不是很专业。你可以编写一个 mixin，根据当前渲染的视图组件来添加不同的文档标题。

如果你对 mixin 不熟悉，那么也请放心。在开始编写代码之前，我会向你展示 mixin 到底是什么，以及为什么会在应用程序中用到它们。

11.1.1 了解 mixin

mixin 使用额外选项来扩展 Vue 组件。mixin 可以包含组件的任何选项，比如方法或钩子，它们都会被“混合”(mix）到组件中。

当你创建组件时，任何已注册的 mixin 都将与组件的选项组合在一起。例 11.1 是一个 mixin 的例子。

例 11.1 一个 mixin 示例

```
const logHelloOnCreateMixin = {      <-- 一个 mixin
  created ()
    console.log('hello')
  }
}

new Vue({                            <-- 使用 logHelloOnCreate mixin 创建并挂载一个 Vue 实例。该组件会在 created 阶段打印 hello
  mixins: [logHelloOnCreateMixin ],
  template: '<div />'
}).$mount()
```

mixin 通过将选项合并（merge）到组件的选项中来发挥作用。当选项合并冲突在组件和 mixin 之间发生时，Vue 会遵循某种合并策略来合并选项，不同的属性间会采取不同的策略。例如，生命周期钩子会被合并进一个数组，然后依次调用。而对象属性如 methods 和 components，则会被合并到一个单独的对象中，这时如果存在属性冲突的情况，组件属性将会覆盖 mixin 属性。

注释 你可以在 Vue 文档中阅读更多关于 Vue 合并策略的细节，网址为 https://vuejs.org/v2/guide/mixins.html#Option-Merging。

有两种方式可以对组件使用的 mixin 进行注册：全局注册或局部注册。想要注册一个全局的 mixin，可以使用要注册的 mixin 调用 Vue.mixin 来实现：

```
Vue.mixin(logHelloOnCreateMixin)
```

全局 mixin 添加了对未来创建的每个组件都可用的选项，因此在注册全局 mixin 时，应注意此行为。

通过在组件选项对象中定义 mixin，可以在组件中进行局部注册。如下所示：

```
const TestComponent = {
  mixins: [logHelloOnCreateMixin]
}
```

局部注册的 mixin 仅适用于其注册的组件。注册 mixin 的两种方法都是有效的，因此我会教你如何测试使用局部 mixin 或全局 mixin 的组件。在为使用了 mixin 的组件编写测试之前，你需要学习如何编写和测试 mixin 自身。

11.1.2 为 mixin 编写测试

测试 mixin 的过程很简单。在组件中注册 mixin，挂载组件，然后检查 mixin 是否产生了预期的行为。

假设你想测试一个名为 logHelloOnCreateMixin 的 mixin，注册它的组件会在挂载之后使用 "hello" 来调用 console.log。你可以编写一个测试来监视 console.log，使用 mixin 挂载一个最小化组件，然后断言 console.log 被调用了，如例 11.2 所示。

例 11.2 测试 mixin

```
test('logHelloOnCreateMixin logs hello', () => {     // 监视 console.log
  jest.spyOn(console, 'log')
  const Component = {
    render() {},                                     // 添加一个空 render 方法，以避免挂载组件时出现 Vue 警告
    mixins: [logHelloOnCreateMixin]                  // 在组件上注册 mixin
  }
  shallowMount(Component)                            // 挂载组件
  expect(console.log).toHaveBeenCalledWith('hello')  // 断言 console log 被"hello"调用
})
```

你可以使用相同的方式来测试任何一个 mixin。使用注册后的 mixin 创建一个组件，挂载这个组件，然后断言输出。

对于 Hacker News 应用程序，你将编写一个使用组件定义的 title 属性设置文档标题的 mixin。如例 11.3 所示，当组件 title 属性为 Home 时，页面标题应该被设置成 Vue HN | Home。

例 11.3 使用 mixin 创建一个实例

```
new Vue({                                // 创建实例
  mixins: [titleMixin],                  // 注册 titleMixin，使用组件的 title 属性更改文档标题
  template: '<div />',

  title: 'Home'
}).$mount()
```

你需要为 mixin 编写两个测试—— 一个是检查 mixin 是否使用了 title 属性来设置文档标题，另一个是测试如果目标组件没有 title 属性时，组件是否不会渲染文档标题。

正如我所提到的，想要测试一个 mixin 是否工作正常，你可以在组件中注册它，然后挂载组件，接着断言它产生了预期的输出内容。你需要尽量精简测试代码，测试代码越少，

就越容易理解。因此，在 mixin 测试中，创建具有所需的最少选项的组件，以此检查 mixin 是否工作正常。

在测试中，最少选项包括一个 title 属性，一个用于阻止 Vue 报错的空 render 方法，以及用于注册 mixin 的 mixin 数组。当创建完带有这些属性的组件之后，就可以挂载它，然后测试 document.title 是否使用了 title 属性的值进行更新。

创建一个测试文件，把例 11.4 的代码添加进去。

例 11.4　测试 mixin

```
import { mount } from '@vue/test-utils'
import { titleMixin } from '../mixins'

describe('titleMixin', () => {
  test('set document.title using component title property', () => {    ← 创建测试组件
    const Component = {
      render() {},
      title: 'dummy title',
      mixins: [titleMixin]    ← 在组件上注册 mixin
    }
    mount(Component)
    expect(document.title).toBe('Vue HN | dummy title')    ← 断言 document.title 已经更新为正确的值
  })

  test('does not set document.title if title property does not exist', () =>
    {
    document.title = 'some title'    ← 设置文档标题，以便可以断言组件挂载之后它没有更新
    const Component = {
      render() {},
      mixins: [titleMixin]
    }
    mount(Component)
    expect(document.title).toBe('some title')
  })
})
```

注释　在测试中编辑 document.title 的值会改变当前运行上下文中其他测试的 title 值（在 Jest 中，每个测试文件只运行于它自己的上下文之中）。这也就意味着你需要注意的是，不要运行测试去断言 document.title 的值是否和之前测试中的值一致；否则，一个测试设置了正确的标题，而另一个测试并没有设置标题却依然可以通过，这是由于在前一个测试中已经将其设置为与当前测试断言的值相同的值。

现在你需要添加代码使测试通过。为 mixin 创建一个名为 src/util/mixins.js 的文件。把例 11.5 中添加 mixin 的代码添加到文件中，使测试顺利通过。

例 11.5　标题 mixin

```
export const titleMixin = {
```

```
  mounted () {
    const title = this.$options.title
    if (title) {
      document.title = `Vue HN | ${title}`
    }
  }
}
```

运行 npm run test:unit，检查测试是否通过。到目前为止一切正常，你可以在应用程序中注册该 mixin，在组件中定义一个 title 属性来设置文档标题。

对于静态的标题值来说，这些都是没问题的。然而，ItemList 组件是可以渲染动态信息流的。如果每次切换信息流时，文档标题也能随之更新就太好了，因此在 top 和 new 之间切换时应该把标题从 Vue HN | Top 更改为 Vue HN | New。

想要让标题随着列表类型切换，你需要获取 $route 对象。然而，title 属性值不能被直接设置成 this.$route.params.type，因为你不能从对象的内部访问自身。解决办法是新增一个可调用的 title 方法，如下所示：

```
title () {
  return this.$route.params.type
}
```

要启用此功能，你需要更新 titleMixin，使其支持函数形式的 title。如果 title 是一个函数，mixin 会使用 this 调用 title 来设置组件实例。

创建一个新的测试，检查 mixin 是否使用了函数的返回值。把例 11.6 中的代码添加到 src/util/__tests__/mixins.spec.js。

例 11.6　测试 mixin

```
test(' sets document.title using result of title if it is a function ', () => {
    const Component = {
      render() {},

    data () {                                    // 在实例上创建一个 titleValue 属性
      return {
        titleValue: 'another dummy title'
      }
    },
    title () {                                   // 返回 titleValue
      return this.titleValue
    },
    mixins: [titleMixin]                         // 注册 titleMixin
  }
  mount(Component)                               // 挂载组件
  expect(document.title).toBe('Vue HN | another dummy title')   // 断言标题是使用 titleValue 设置的
})
```

你可以通过重构 mixin 来使用 getTitle 函数，如果它是函数，则调用 title；如果不是，则返回值。在 src/util/mixins.js 下，添加例 11.7 代码。

例 11.7　如果 title 是函数则调用实例属性

```
function getTitle (vm) {
  const { title } = vm.$options           ← 从组件选项中解构 title 值
  if (title) {
    return typeof title === 'function'    ← 如果 title 是一个函数，将组件实例作为 this 值调用；否则，返回 title 的值
      ? title.call(vm)
      : title
  }
}
```

在 src/util/mixins.js 中，把 titleMixin 中使用 const 定义 title 的那一行使用下面这行代码替换：

```
const title = getTitle(this)
```

使用命令 npm run test:unit 运行测试。太棒了，现在 mixin 支持函数形式的 title，这也就意味着你可以通过访问实例值来设置 title 了。在 ItemList 组件中注册完 mixin 之后，可以使用组件中 title 函数的 $router.params.type 设置文档标题。

接下来是在 ItemList 组件中使用 mixin。正如先前提到的，在应用程序里你有两种方式来注册 mixin——全局注册和局部注册。我先给你展示一下如何测试那些局部注册 mixin 的组件。

11.1.3　测试组件中的局部 mixin

mixin 是向组件添加功能的多种方法之一。换句话说，mixin 是一个具体实现。为组件编写的单元测试不必考虑 mixin 内部实现，只需测试 mixin 的输出即可。

没有什么特殊的技巧去测试使用了 mixin 的组件，你需要编写一个测试检查组件的期望输出，然后使用 mixin 实现产生输出的功能。

例如，titleMixin mixin 可以设置文档标题。测试会挂载组件，然后断言文档标题设置成了正确的值。你可以使用方法或 mixin 来添加使得测试通过的功能。

把例 11.8 中的代码添加到 src/views/__tests__/ItemList.spec.js 中的 describe 代码块的底部，测试文档标题是否被更新。

例 11.8　测试组件中的 mixin

```
test('sets document.title with the capitalized type prop', () => {
  createWrapper({                          ← 使用正确的数据和用于创建标题的 propsData type 浅挂载 ItemList
    mocks: {
      $route: { params: { type: 'top' } }
    }
  })
```

```
  expect(document.title).toBe('Vue HN | Top')
})
```

断言 document.title 使用了 mixin 和 type prop 值更新

你需要在 ItemList 组件中注册 mixin，并且添加一个把 $route.params.type 的值以首字母大写形式返回的 title 函数，测试才能通过。

打开 src/views/ItemList.vue，把下面的 import 语句添加到 < script > 代码块的顶部，引入 titleMixin。

```
import { titleMixin } from '../util/mixins'
```

然后在 import 语句之后，组件选项之前创建一个函数。这个辅助函数可以返回首字母大写的字符串，如下代码所示。你可以用它把 $route.params.type 的首字母转换为大写：

```
function capitalizeFirstLetter (string) {
  return string.charAt(0).toUpperCase() + string.slice(1)
}
```

现在在组件中注册一个 mixin，创建一个返回值 type 为首字母大写的 title 方法。把下列选项作为顶级属性添加到 src/views/ItemList.vue 的组件选项对象中：

```
export default {
  // ..

  title () {
    return `${capitalizeFirstLetter(this.$route.params.type)}`
  },

  mixins: [titleMixin],

  // ..
}
```

使用命令 npm run test:unit 运行测试。太棒了，你已经添加好了局部 mixin 及其测试。接下来我将向你展示如何在组件中测试全局 mixin。剧透一下，它和测试局部 mixin 差不太多。

11.1.4 测试组件中的全局 mixin

就像局部 mixin 一样，全局 mixin 也是一个具体实现。不论 mixin 是局部注册的还是全局注册的，你都可以使用相同的测试，因为输出是一样的。

你不需要重写现有的测试去检查文档的标题是否设置成了 type 的值。只需更改 mixin 的注册方式，测试就可以通过了。这也是测试的魅力所在，无须检查实现细节，你就可以自由地更改添加功能的方法。

mixin 全局注册和局部注册的不同之处是，全局 mixin 需要在组件挂载之前进行注册。在生产中，你需要在主入口文件（src/main.js）中全局注册 titleMixin。这种方法对应用程序而言很友好，但是在测试运行之前，你需要使用另一种策略来注册 mixin。

在测试之前我会向你展示如何注册 mixin，你需要在入口文件中全局注册 mixin，并把 ItemList 中的局部 mixin 移除。打开 src/main.js，添加下面的代码，引入 titleMixin。

```
import { titleMixin } from './util/mixins'
```

使用 Vue.mixin 方法在全局注册 mixin。把下列代码添加到 src/main.js 文件中，放在 import 语句之后，Vue 实例创建之前：

```
Vue.mixin(titleMixin)
```

现在生产中的应用程序将对每个组件应用 titleMixin。你可以把 ItemList 组件中注册 titleMixin 的现有代码移除。打开 src/views/ItemList.vue，移除 mixin 选项以及引入 titleMixin 的 import 语句。

再次使用命令 npm run test:unit 运行测试，组件 mixin 测试将失败。原因在于 mixin 没有在测试中注册，而只是在生产环境中注册了。你有以下可行的解决方案：

- 创建一个 localVue 构造函数，在 localVue 上安装 mixin，然后使用 localVue 构造函数挂载组件。
- 在测试之前执行一个文件，以便在 Vue 构造函数中全局注册 mixin。

最佳选项是在测试执行之前，在 Vue 基本构造函数中全局注册 mixin。代码量很少，而且在未来的测试里无须再额外设置，就可以继续使用 mixin。

避免污染 Vue 基类 (base class)

我曾说过，不管做什么，在测试中都不应该在 Vue 基本构造函数上安装插件或 mixin。但事实并非如此绝对，有时影响到 Vue 基本构造函数也是可以的。

在学校里，我曾被教育不要在句子起始处使用 and 或 but，这个规则很好，因为它教会你要注意写作时正确地使用连接词。但是随着长大，我知道这条规则不像老师说得那么严格，有时用 but 开头也是可以接受的。

我之前教给你不要污染 Vue 基础构造函数和老师教给我的那个规则一样。当你不明确自己要做什么的时候，就遵循这个规则，但是随着经验越来越丰富，开始了解为什么这条规则如此重要时，你也就会发现一些适合打破规则的场景了。

mixin 和过滤器正是可以打破这条规则的例子。在测试启动之前，你需要把测试中用到的 mixin 和过滤器添加到 Vue 构造函数中去。也就是说，测试中创建的每个 Vue 实例注册都要对它们进行注册，不过这是没问题的。在生产环境中你也总是注册 mixin 和过滤器。

有一种情况你不能在全局添加 mixin 和过滤器，那就是它们产生了副作用，降低了测试速度时，或者它们足够复杂，需要控制其返回的内容。

你可以将 Jest 配置成在运行测试之前运行文件，这样你就可以在运行测试之前创建一个注册 mixin 的文件。在项目的根目录中创建一个名为 test-setup.js 的文件，把例 11.9 代码添加到该文件中。

例 11.9　测试配置文件

```
import Vue from 'vue'
import {
  titleMixin
} from './src/util/mixins'

Vue.config.productionTip = false

Vue.mixin(titleMixin)
```

把 Vue 生产环境提示设置为 false，它将阻止 Vue 在运行测试时记录正在使用开发构建的警告

注册 mixin

你需要更新 Jest 配置，使得 Jest 在运行测试之前运行这个文件。为此，请使用 setupFiles 选项。打开 package.json 文件，找到 jest 字段部分的内容，使用下列代码更新：

```
"jest": {
  "transform": {
    "^.+\\.js$": "babel-jest",
    "^.+\\.vue$": "vue-jest"
  },
  "setupFiles": ["./test-setup.js"]
}
```

Jest 会在每个测试之前执行 test-setup.js 文件，从而在全局注册 mixin。因为 mixin 在全局注册了，执行 npm run test:unit，现有的 mixin 就可以通过了。

测试 mixin 的诀窍是确保测试检查输出。这样，你就可以自由地重构功能实现那部分的内容。在测试局部注册的 mixin 时，不需要进行额外的设置。但是，如果使用全局注册的 mixin，则需要在运行测试之前注册它。

既然你已经了解了如何测试局部 mixin 和全局 mixin，现在可以学习 Vue 过滤器以及它的测试了。

11.2　测试过滤器

你可以将过滤器视为应用于 Vue 模板中的值的转换。与 mixin 一样，过滤器可以在全局和局部注册。

注册完过滤器之后，你可以使用管道操作符（ | ）在模板中使用它。例 11.10 是一个将 msg 转换为大写的示例。

例 11.10　在模板中应用过滤器

```
<template>
  <div>
    {{ msg | upperCase }}
  </div>
</template>
```

当 msg data 传递给 upperCase 过滤器之后，它将会以大写的形式输出，该过滤器是一个把 msg 作为参数并返回值的函数

过滤器指的是将一个值转化为另一个值的方法。upperCase 过滤器如下所示：

```
export function uppercase (str) {
    return str.toUpperCase()
}
```

由于过滤器就是函数，因此很容易为它们编写单元测试。在这部分，你将为两个过滤器编写单元测试，然后再为使用了它们的组件编写单元测试。

你创建的第一个过滤器将使用一个 URL 作为输入，并返回一个处理过的 URL。第二个过滤器将获取一个 UNIX 时间戳并将其转换为可读文本。在组件中使用过滤器之前，你需要为过滤器函数本身编写测试。

11.2.1　为过滤器编写测试

过滤器是可以返回值的函数，因此你可以通过参数调用并断言它们返回了正确的值来测试。这非常简单！

URL 全剖析

让我们剖析一下 URL https://subdomain.domain.com/some-path/:

- https:// 是协议
- domain.com 是域名
- subdomain 是子域名
- /some-path/ 是路径

子域名和域名结合起来就是主机名（hostname）。

你要编写的第一个过滤器是把 URL 转化为主机名。目前，应用程序渲染的是所有子项都完整的 URL（见图 11.1）。

71	The Quant King, the Drug Hunter, and the Quest to Unlock New Cures (https://www.bloomberg.com/news/features/2018-06-12/a-quant-king-and-a-drug-hunter-join-in-a-quest-to-find-new-cures) by daschaefer

图 11.1　过滤之前

该 URL 可能很难读取，因此你需要添加一个过滤器，通过删除额外的信息（如路径）来简化解析（参见图 11.2）。

71	The Quant King, the Drug Hunter, and the Quest to Unlock New Cures (bloomberg.com) by daschaefer	过滤后的 URL

图 11.2　过滤之后

URL 可能非常复杂，因此应该测试多种情况。这个过滤器应该：

- 从以 http:// 开头的 URL 返回主机名
- 从以 https:// 开头的 URL 返回主机名
- 返回主机中的子域名
- 从 URL 中移除路径
- 从 URL 中移除 www
- 返回最后一个子域名

尽管有很多测试用例的情况也是存在的，但这些测试本身很简单，因此你要一次性添加所有的测试用例。创建一个测试文件 src/util/__tests__/filters.spec.js。打开测试文件，并将例 11.11 中的代码添加进去。

例 11.11　测试过滤器

```
import { host, timeAgo } from '../filters'

describe('host', () => {
  test('returns empty string if url is undefined', () => {
    expect(host(undefined)).toBe('')
  })

  test('returns the host from a URL beginning with http://', () => {
    const url = 'http://google.com'
    expect(host(url)).toBe('google.com')
  })

  test('returns the host from a URL beginning with https://', () => {
    const url = 'https://google.com'
    expect(host(url)).toBe('google.com')
  })

  test('removes path from URL', () => {
    const url = 'google.com/long/path/ '
    expect(host(url)).toBe('google.com')
  })

  test('removes www from URL', () => {
    const url = 'www.blogs.google.com/'
    expect(host(url)).toBe('blogs.google.com')
  })

  test('keeps the subdomain', () => {
    const url = 'https://blogs.google.com/long/path/ '
    expect(host(url)).toBe('blogs.google.com')
  })

  test('returns one subdomain and removes others', () => {
    const url = 'personal.blogs.google.com/long/path/ '
    expect(host(url)).toBe('blogs.google.com')
  })
})
```

现在让我们添加过滤器代码。创建 src/util/filters.js 文件，并将例 11.12 中的代码添加到文件中，以此添加 host 过滤器的代码。

例 11.12 一个 host 过滤器

```
export function host (url) {
  if (!url) {
    return ''
  }
  const host = url.replace(/^https?:\/\//, '').replace(/\/.*$/, '')   // 移除协议和路径
  const parts = host.split('.').slice(-3)   // 返回由点分割的 host 的最后三个部分
  if (parts[0] === 'www') {
    parts.shift()   // 删除 www（如果存在）
  }
  return parts.join('.')   // 把数组合并成字符串并返回该字符串
}
```

运行 npm run test:unit 命令，执行单元测试脚本，检查测试是否通过。很棒，你已经编写好了你的第一个过滤器。很简单，不是吗？

与组件相比，测试过滤器很容易，因为它们是简单的 JavaScript 函数，传递输入，再返回输出。现在你将编写第二个过滤器。这个过滤器稍微有点复杂，因为它依赖于使用 Date.now 计算的当前时间。

11.2.2 测试使用了 Date.now 的过滤器

Date.now 是 JavaScript 中 Date 对象上的一个方法，它可以返回 1970 年 1 月 1 日 00:00 UTC 以来经过的毫秒数。你可以用它来计算当前时间。

测试使用了 Date.now 的函数会遇到一个问题。Date.now 的返回值会不断改变，这也就意味着使用了 Date.now 的单元测试无法被预测。解决办法是模拟 Date.now 方法。你将通过编写 timeAgo 过滤器的测试来学会如何做到这一点。

timeAgo 过滤器获取一个 UNIX 时间戳并将其转化为可读文本，并告诉你时间戳的时间长度。它会把 1513527632 转化为 4 分钟。

定义 UNIX 时间戳，也称为 UNIX epoch，是衡量系统时间的标准方法。它返回自 1970 年 1 月 1 日 00:00 UTC 以来经过的秒数。计算机可以使用此数据计算日期。

Hacker News API 会返回列表项发布时间的 UNIX 时间戳，你将使用该值并将其与过滤器一起转换，以显示列表项发布后的时间。

要计算 UNIX 时间戳的时间间隔，可以使用 Date.now 方法获取当前时间，然后从中减去 UNIX 时间戳以获得时间差。当你得到了秒的差异，就可以把它转换成一个可读的数字。

过滤器将 UNIX 时间转换为自 UNIX 时间戳以来的分钟、小时或天数。如果将其转换为规范格式，则过滤器应执行以下操作：

- 返回一分钟
- 返回几分钟

- 返回一小时
- 返回几小时
- 返回一天数
- 返回几天数
- 返回四舍五入后最接近整数的时间

在测试中，你将使用某个值调用 timeAgo 函数，并期望它返回正确的人类可读时间。

因为 timeAgo 过滤器将使用 Date.now，所以需要存根 Date.now，使其在每个测试中都返回相同的值。你将使用 Date.now 的返回值生成一个待传递到函数中的 UNIX 时间值。

然后，你将在模拟时间的前一分钟用 UNIX 时间戳调用 timeAgo 过滤器。

然而，UNIX 时间戳是自 1970 年以来经过的秒数，但是 date.now 返回的是毫秒数，因此你需要在计算中包含毫秒数。把例 11.13 中的 describe 代码块添加到 src/util/__tests__/filters.spec.js 中，放在之前的 describe 代码块之后。

例 11.13　存根 Date.now

```
describe('timeAgo', () => {
                                                   模拟 Date.now 使其总是
  Date.now = () => new Date('2018')           <——  返回相同的日期
  const unixTime = Date.now() / 1000            <——  把 Date.now 转换
                                                     为 UNIX 时间
  test('returns singular minute', () => {
    expect(timeAgo(unixTime - 60)).toBe('1 minute')   <——  断言当使用了一分钟之前的时
  })                                                       间调用 timeAgo 时返回了正
})                                                         确的值
```

在为过滤器编写代码之前你需要把剩余的测试写完。你可以通过从 unixTime 变量中减去要测试的时间来编写类似的测试。这很快就变成数学题了。5 天是多少秒？你可以使用辅助函数来代替数学运算。把下列辅助函数添加到 src/util/__tests__/filters.spec.js 中的 timeAgo describe 代码块：

```
const seconds = (second) => second * 1
const minutes = (minute) => minute * seconds(60)
const hours = (hour) => hour * minutes(60)
const days = (day) => day * hours(24)
```

使用 minutes 辅助函数更新 src/util/__tests__/filters.spec.js 下的 returns singular minute 测试，如下所示：

```
test('returns singular minute', () => {
  expect(timeAgo(unixTime - minutes(1))).toBe('1 minute')
})
```

你将使用辅助函数添加剩余的测试。把例 11.14 中的测试添加到 src/util/__tests__/filter.spec.js 中。

例 11.14 测试过滤器函数

```
test('returns plural minutes', () => {
  expect(timeAgo(unixTime - minutes(5))).toBe('5 minutes')
})

test('returns singular hour', () => {
  expect(timeAgo(unixTime - hours(1))).toBe('1 hour')
})
test('returns plural hours', () => {
  expect(timeAgo(unixTime - hours(5))).toBe('5 hours')
})

test('returns singular day', () => {
  expect(timeAgo(unixTime - days(1))).toBe('1 day')
})

test('returns plural days', () => {
  expect(timeAgo(unixTime - days(5))).toBe('5 days')
})

test('returns day rounded to nearest value', () => {
  expect(timeAgo(unixTime - (days(2) + hours(10)))).toBe('2 days')
})
```

既然测试已经编写好了，现在可以添加 timeAgo 过滤器的代码了。此代码将使用 Date.now 获取当前时间，并将其转换为秒，然后减去传递进来的时间以获得差值。之后，它会返回分钟、小时或天，具体取决于时间差，如果时间大于 1，则时间尾部附加一个“s”。打开 src/util/filters.js，将例 11.15 代码添加到该文件：

例 11.15 编写 timeAgo 过滤器

```
export function timeAgo (time) {
  const between = Date.now() / 1000 - Number(time)
  if (between < 3600) {
    return pluralize((between / 60), ' minute')
  } else if (between < 86400) {
    return pluralize((between / 3600), ' hour')
  } else {
    return pluralize((between / 86400), ' day')
  }
}

function pluralize (time, label)
  const roundedTime = Math.round(time)
  if (roundedTime === 1) {
    return roundedTime + label
  }
  return roundedTime + label + 's'
}
```

获取传入函数的时间值与日期之间的差。目前当前时间以秒为单位

把值以分钟的形式返回（如果传入的时间和当前时间的差值小于一个小时）

返回正确的复数形式的结果

向标签添加复数的辅助方法（如果值不为 1）

把值四舍五入到最接近的整数

运行 npm run test:unit 命令，检查测试是否通过。一切顺利，你已经编写好了第二个过滤器。最后一步是在一个组件中同时使用两个过滤器。

11.2.3 测试组件中的过滤器

测试组件中的过滤器类似于测试组件中的 mixin。你不应该测试过滤器是否被显式使用。相反，你应该测试组件是否产生了正确的输出，以及其使用的过滤器是否产生了正确的输出。

过滤器可以局部或者全局注册。其测试方式和测试 mixin 一致，因此不必进行全局测试和局部测试，只需测试全局注册的过滤器即可。在组件中使用过滤器之前，你需要在入口文件和 test-setup 文件中对它进行全局注册，以便在测试中使用它们时不再需要额外的设置。

把下面几行代码添加到 src/main.js：

```
import {
  timeAgo,
  host
} from './util/filters'
And to test-setup.js:
import {
  timeAgo,
  host
} from './src/util/filters'
```

把下列代码同时添加到 src/main.js 和 test-setup.js，注册过滤器：

```
Vue.filter('timeAgo', timeAgo)
Vue.filter('host', host)
```

首先测试组件是否渲染了过滤后的时间值。向该项传递一个比当前时间早 10 分钟的 UNIX 时间值，并断言它生成一个包含正确转换值的输出。

打开 src/components/__tests__/Item.spec.js，把例 11.16 中的代码添加到现有测试中的 describe 代码块。

例 11.16 在测试中模拟 Date.now

```
test('renders the time since the last post', () => {
  const dateNow = jest.spyOn(Date, 'now')                 <-- 监视 Date.now 方法
  const dateNowTime = new Date('2018')

  dateNow.mockImplementation(() => dateNowTime)           <-- 模拟 dateNow，使其总是调用相同的时间

  const item = {                                          <-- 创建一个要传递进去的模拟项
    time: (dateNowTime / 1000) - 600                      <-- 创建一个 10 分钟之前的 UNIX 时间值
  }
  const wrapper = shallowMount(Item, {
    propsData: {
      item
```

```
      }
    })
    dateNow.mockRestore()
    expect(wrapper.text()).toContain('10 minutes ago')
  })
```

在运行断言之前重置 dateNow 模拟

断言 wrapper 的输出包含“10 minutes ago”

注释 当存根一个全局函数（如例 11.16 中的 Date.now 所示）时，你应该明白它将会影响测试文件中未来的测试。通常，你不需要重置该值，但如果将来的测试依赖于 Date.now，则需要重置该值。

现在，你可以将代码添加到 ItemList 组件中。测试很宽松，它不检查文本是否在特定元素中输出，它只检查它是否在组件中的某个地方渲染。把下列代码添加到 src/components/Item.vue 中的 <template> 代码块：

```
{{ item.time | timeAgo }} ago
```

接下来，测试一下你渲染的内容是否为主机名，而不是完整的 URL。在这个测试中，你将传入一个带有 URL 属性的列表项。然后，你将测试在应用程序文本的某个地方测试是否只渲染了 URL 的主机名。使用例 11.17 中的测试替换 src/components/__tests__/Item.spec.js 中的 renders item.url 测试。

例 11.17 在组件中测试过滤器

```
test('renders the hostname', () => {
  const item = {
    url: 'https://some-url.com/with-paths'
  }
  const wrapper = shallowMount(Item, {
    propsData: {
      item
    }
  })
  expect(wrapper.text()).toContain('(some-url.com)')
})
```

要完成更新，你需要给 ItemList 组件添加一个 <span> 标签。打开 src/ components/Item.vue，把渲染 item.url 的代码用以下内容替换：

```
<span class="host"> ({{ item.url | host }})</span>
```

运行 npm run test:unit 命令，确认测试是否通过。太棒了，你已经为组件添加好了过滤器和 mixin。

你已经准备好进入第 12 章，在那里你将学习快照测试。我钟爱于快照测试，很高兴可以教给你这方面的知识！

总结

- 可以通过创建模拟组件并在组件上注册 mixin 来测试 mixin。
- mixin 可以全局或局部应用于组件。
- 可以在运行单元测试之前注册过滤器和 mixin。
- 你可以通过测试输出来测试组件中的过滤器和 mixin。

练习

1. 为下列 mixin 编写测试，该 mixin 会在组件挂载之前调用一个方法：

```
const testMixin = {
  beforeMount() {
    this.myMethod()
  }
}
```

2. 编写一个能通过下列测试的过滤器：

```
test('converts first letter to uppercase', () => {
  expect(capitalize('test')).toBe('Test')
})
```

3. 编写一个测试，检查以下组件中的把值转为大写的过滤器是否工作正常。你应该包含一个 test-setup.js 文件：

```
// uppercase.js
function uppercase(string) {
    return string.charAt(0).toUpperCase() + string.slice(1);
}
// TestComponent.vue
<template>
  <div>
    {{ name | uppercase }}
  </div>
</template>

<script>
export default {
  props: ['name']
}
</script>
```

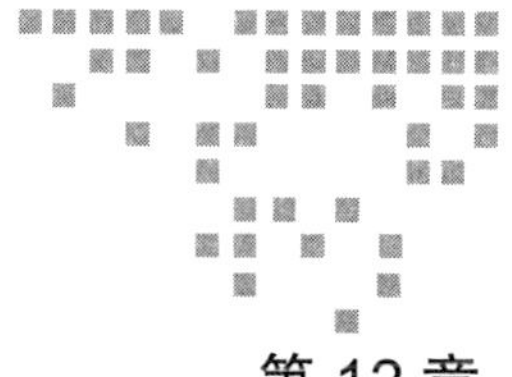

第 12 章 Chapter 12

编写快照测试

本章内容

- 了解快照测试
- 把快照测试添加到你的工作流
- 为组件编写快照测试

在本章中，你将学习什么是快照测试，如何把它们集成到测试工作流中，以及如何使用它们来确保不会在无意中更改组件。

定义 快照测试是一种自动比较应用程序的两张图片的方法。

在本章之前，你已经学会了单元测试。现在也该向测试工具腰带包中添加新类型的测试了。如果你还记得第 1 章中的内容，在那里我向你展示了如何使用前端金字塔作为构建测试套件的指南（图 12.1）。金字塔中单元测试的下一种测试类型就是快照测试。

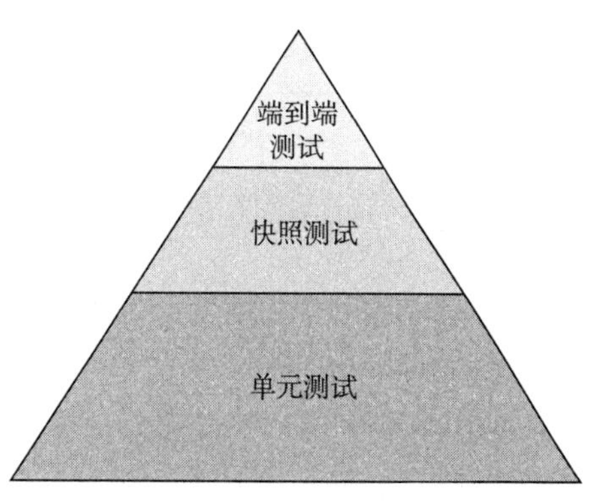

图 12.1 前端测试金字塔

在本章的第一部分，你将了解什么是快照测试。当你对它已经有所了解之后，我会向你展示如何把它集成到你的测试工作流之中，以及如何使用快照测试捕获对组件的意外更改。

在本章的第二部分，你将学习如何为静态和动态组件编写有效的快照测试。

在进一步学习之前，你需要下载完成第 12

章的程序代码。这个应用程序有我在本书之外添加的新视图。如果你没有 Git 仓库，跟随附录 A 的指导下载它，并签出 chapter-12 分支。

当你下载完 Git 仓库之后，就可以进行下面的内容了。第一件事是了解什么是快照测试。

12.1 了解快照测试

一个对快照测试简单的解释就是获取代码的快照，并将其与以前保存的快照进行对比。如果新的快照与前一个快照不匹配，测试就会失败。

快照测试就像是让某人玩一个游戏，查找最新输出和已保存输出文件之间的差异。计算机会辨认新旧快照之间的不同之处，高亮这些差异，然后把报告返回给你。如果快照之间存在差异，测试就会失败。

你将使用 Jest 来编写快照测试。Jest 快照测试会对比序列化值（serializable value）。基本上任何可以转换为字符串的 JavaScript 值都是序列化值。

如下所示，你可以使用 toMatchSnapshot 匹配器（matcher）在 Jest 中添加快照测试：

```
expect('value').toMatchSnapshot()
```

你也可以把 DOM 节点传递给快照，就像这样：

```
expect(document.querySelector('div')).toMatchSnapshot()
```

快照测试第一次启动时，Jest 会用传递给 expect 的值来创建快照文件。假设你为一个 ListItem 组件编写了快照测试，该组件渲染了一个 <li> 标签。你需要挂载这个组件，然后使用例 12.1 展示的 DOM 节点包装器创建快照。

例 12.1 一个快照测试

```
test('renders list item correctly', () => {
  const wrapper = shallowMount(List)              <- 挂载 ListItem 组件
  expect(wrapper.element).toMatchSnapshot()       <- 创建一个快照测试
})
```

当你在 Jest 中运行快照测试时，Jest 会使用 expect 调用的 DOM 节点来生成格式化的文件。例 12.2 展示的快照文件是 Jest 存储输出的一种方法，它会在未来的测试中进行对比。

例 12.2 一个快照文件

```
exports[`renders list item correctly`] = `       <- 用于测试的渲染了正确列表项的快照
<li>                                            <- 与之对比的快照输出
  List item
</li>
`;
```

下次运行快照测试时，它会将 expect 调用的新值与快照文件中保存的值进行比较。如果输出匹配，快照测试将通过。如果组件生成的 DOM 节点发生更改，那么新值与保存的值不同，快照测试将带着差异（diff）失败。

注释　diff 是前一个输出和最新输出之间的差异，可帮助查看哪个部分已被更改。

例如，如果文本 List item 更改为 Not list，则测试将失败，并出现以下 diff：

```
- Snapshot
+ Received

  <li>
-   List item
+   Not list
  </li>
```

你可以在图 12.2 中看到运行快照测试时 Jest 遵循的流程图。

如果打算在保存的快照文件和新输出之间进行更改，那么可以使用新输出来覆盖已保存的快照。如果检测到的更改不是在预期内的，那么你就有机会修复这个问题。

Jest 可以为你管理快照文件。快照文件是以 .snap 为扩展名，生成在 __snapshots__ 中的文件，该目录与测试文件会在同一目录中被创建。快照文件是快照测试输出的唯一真实源，因此应该在源代码管理中包含快照文件，以便在不同设备上运行测试时使用。

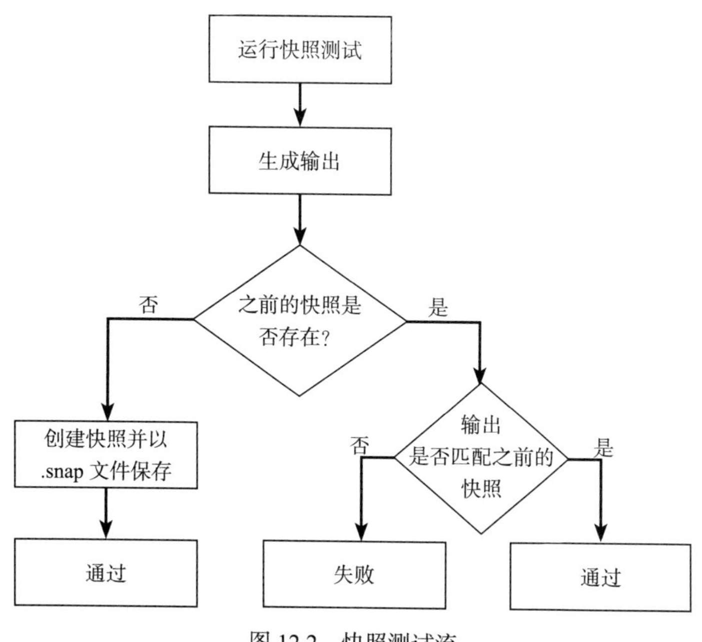

图 12.2　快照测试流

既然你已经对快照测试有了一个高度概览，那么就可以自己编写一些快照测试了！

12.1.1 为组件编写快照测试

快照测试是测试组件输出最有效的方式。它们为你提供了极大的便利——快照测试可以测试 HTML 标签有数百行长的组件。

编写组件快照测试的方式取决于正在测试的组件的类型。在本节中，你将学习如何为静态组件和动态组件编写快照测试。

12.1.2 为静态组件编写快照测试

静态组件（static component）指的是总是渲染相同输出的组件。它不接收任何 prop，也没有任何 state。组件中没有任何逻辑，并且总是会渲染相同的 HTML 元素。

静态组件听起来很无聊，事实上也确实是。为静态组件编写单元测试是没有必要的，因为实际上它们也不做任何事情。但是，在最初编写完静态组件并手动测试它之后，想要确保静态组件在未来不会发生更改，单元测试就变得非常有用了。

Hacker News 应用程序中有一个静态组件 Spinner。打开 src/components/Spinner.vue，查看其中代码，如例 12.3 所示：

例 12.3 一个静态组件

```
<template>
  <transition>
    <svg class="spinner" width="44px" height="44px" viewBox="0 0 44 44">
      <circle class="path" fill="none" stroke-width="4" stroke-
     linecap="round" cx="22" cy="22" r="20"></circle>
    </svg>
  </transition>
</template>
```

在 src/components/uu tests_uuuu/spinner.spec.js 中为快照测试创建一个文件。

要为组件的 DOM 节点创建快照测试，需要先挂载组件，然后使用根 DOM 节点（可访问的 wrapper.element）作为快照测试的输入。把例 12.4 中的代码添加到 src/components/__tests__/Spinner.spec.js。

例 12.4 编写快照测试

```
import { shallowMount } from '@vue/test-utils'
import Spinner from '../Spinner.vue'

describe('Spinner.vue', () => {
  test('renders correctly', () => {
    expect(shallowMount(Spinner).element).toMatchSnapshot()   <-- 使用挂载在根DOM节点的Spinner 组件生成快照
  })
})
```

现在使用 npm run test:unit 运行测试套件。检查控制台的输出内容，你会发现 Jest 创建了一个 snap 文件。打开 src/components/ __tests__/__snapshots__/Spinner.spec.js.snap 文件，你会发现 element 的值被 Jest 写入到了这个文件之中。

为了更好地理解快照测试的强大之处，你可以看一下它失败的情况。在 src/components/Spinner.vue 下，改变 svg 的标签值，如下所示：

```
<svg class="spinner" width="50px" height="50px" viewBox="0 0 50 50">
```

使用 npm run test:unit 运行测试。快照测试带着一些输出失败，这些输出会显示保存的快照和接收到的输出之间的差异。

失败的快照测试是一个警告，它会告知你组件输出已更改。如果改变是意外发生的，测试会捕获异常更改，并将它输出出来。如果是计划内的更改，那么你就需要更新快照文件。这种情况下，你做出的更改是有意的。

你可以使用 --update 标识调用 Jest，重写 snap 文件。想要在测试套件里实现这个，你需要在调用 test:unit 脚本时，添加一个额外的 updateSnapshot 参数，如下所示：

```
npm run test:unit -- --updateSnapshot
```

updateSnapshot 这个参数实在太长了，拼写很不简便。所以，你可以换用别名 -u 进行更新操作，如下所示：

```
npm run test:unit -- -u
```

这行命令会告诉 Jest 去重写所有失败的快照文件。当你想要同时重写多个快照文件时，这种方式是很实用的，但是这个操作存在一个比较危险的情况。它可能会意外地添加错误的快照。为了避免错误的快照被添加，你可以使用交互模式启动 Jest。使用以下命令运行交互式更新快照模式：

```
npm run test:unit -- --watch
```

当提示符在终端出现时，按 < i > 键浏览所有失败的快照测试。按 < u > 键可以使用最新值来更新之前保存的快照文件。交互模式是一种同时验证多个快照的安全方法。

为静态组件编写快照测试非常有用，因为可以防止组件的渲染输出被意外更改。快照测试对于动态组件而言，将会更加实用。

12.1.3 为动态组件编写快照测试

动态组件（dynamic component）指的是那些包含逻辑和状态的组件。比如说，点击按钮时它们会传递 prop 或者更新数据。

当你为动态组件编写快照测试时，应该尝试捕获尽可能多的不同组合的状态。这样，快照测试将尽可能多地覆盖功能。

注释　我这里定义的动态组件指的是那些包含有逻辑代码或者带有 prop 的组件，这和 Vue 文档中的动态组件概念并不相同，参见网址 https://vuejs.org/v2/guide/components.html#Dynamic-Components。

让我们为 Item 组件添加一些快照测试。Item 组件会携带一个 item prop，该组件会使用这个对象渲染 HTML 标签。对于快照测试而言，你需要用真实数据创建 item prop。这么做的目的是让测试更加值得信赖，因为它的输出更接近于生产环境中的输出内容。

快照测试的一个准则是快照测试必须是可确定的。换句话说，如果生成输出的代码没有改变，那么输出应该总是相同的，不管启动多少次测试都应该是这样。不过当你使用了会输出不确定结果的方法时，这就产生了一个问题，比如 Date.now。

你是否还记得，Item 组件中会渲染列表项是多久之前发布到 Hacker News 的时间信息。这个信息依赖于当前时间，而它使用了 Date.now 方法，这将会是一个问题。今天生成的快照测试可能包含文本"posted 3 minutes ago"。但当你第二天执行测试时，在不改变任何代码的情况下，它渲染的文本就变成了"posted 1 day ago"。虽然组件没有做出任何更改，但快照测试还是失败了。想要避免这种不必要的错误提示，你就需要模拟 Date.now 方法，让它总是返回相同的时间，以此来使得你的快照测试具有确定性。

打开 src/components/__tests__/Item.spec.js，把例 12.5 中的代码添加到 describe 代码块。

例 12.5 为动态组件编写快照测试

```
test('renders correctly', () => {
  const dateNow = jest.spyOn(Date, 'now')
  const dateNowTime = new Date('2018')

  dateNow.mockImplementation(() => dateNowTime)     <-- 模拟时间，使列表项始终渲染相同的时间

  const item = {                     <-- 创建供列表项渲染使用的模拟数据
    by: 'eddyerburgh',
    id: 11122233,
    score: 10,
    time: (dateNowTime / 1000) - 600,
    title: 'vue-test-utils is released',
    type: 'story',
    url: 'https://vue-test-utils.vuejs.org/'
  }
  const wrapper = createWrapper(Item, {     <-- 创建一个 prop 带有 item 的 wrapper
    propsData: {
      item
    }
  })
  dateNow.mockRestore()
  expect(wrapper.element).toMatchSnapshot()     <-- 生成快照
})
```

运行 npm run test:unit 启动测试生成快照。这将使用 Item.spec 测试中的输出内容生成另外一个快照文件。

如果你查看 src/components/Item.vue 中的代码，会看到一个 v-if 语句。你需要编写另一个快照测试来捕获这个条件分支下的内容。

定义　条件分支是指程序可以选用的不同执行语句，这取决于控制语句的条件。例如，if/else 语句会生成两个分支，if/else/else if 语句会生成三个分支。

---

v-if 语句会查看 type 类型是否为 job。第一个快照测试并没有包含 type 属性，因此下一个快照会把 type 值设置为 job，使用 v-if 分支内的内容进行渲染。

把例 12.6 代码添加到 src/components/ __tests__/Item.spec.js。

例 12.6　模拟 Date.now

```
test('renders correctly as job', () => {
  const dateNow = jest.spyOn(Date, 'now')
  const dateNowTime = new Date('2018')

  dateNow.mockImplementation(() => dateNowTime)

  const item = {                          <-- 创建一个 type 为 job 的 item 对象
    by: 'eddyerburgh',
    id: 11122233,
    score: 10,
    time: (dateNowTime / 1000) - 600,
    title: 'vue-test-utils is released',
    type: 'job'
  }
  const wrapper = createWrapper({
    propsData: {
      item
    }
  })
  dateNow.mockRestore()
  expect(wrapper.element).toMatchSnapshot()
})
```

运行测试，你会看到 Jest 写入了一个新的快照文件。如果打开快照文件 src/components/__tests_/__snapshots__/Item.spec.js.snap，你会发现 Jest 为 Items.spec.js 生成了两个快照。这两个快照包含了所有分支下组件的输出内容。

理想情况下，组件输出的所有分支都应该被快照测试覆盖到，但这并不总是可能的，也并不可取。一个组件的大量快照测试意味着每次更改该组件时，都会有大量失败的快照测试。如果有太多失败的快照测试，那么更新所有失败的测试可能会变得非常困难，并且可能会意外地保存一个错误的快照。一般来说，我不会为一个组件编写超过三个快照测试。

这些就是编写快照测试的全部内容。你只需要提供一个测试组件，让它接收正确的输入内容渲染即可。

既然你已经学会了如何编写快照测试，让我们来聊一聊如何把它们添加到你的工作流。

12.2 将快照测试添加到你的工作流

快照测试和开会一样，使用得当，它们可以大大提升开发效率，但是太多却又会拖慢你的开发速度。

在本书的前面，你已经编写了单元测试。单元测试对于测试组件中的逻辑是大有帮助的，然而对测试静态组件的输出就显得力不从心。幸运的是，快照测试非常适用于测试静态组件的输出！

我的工作流采用的是编写单元测试来覆盖核心组件功能。在进行单元测试之后，我不需要任何额外的测试就可以对组件的样式进行设置，并在浏览器中手动测试样式。当我对组件样式感到满意时，我就会为它添加一个快照测试（参见图 12.3）。我觉得这套流程系统工作起来很好，在获得高测试覆盖率的同时，还可以自由地更改样式。

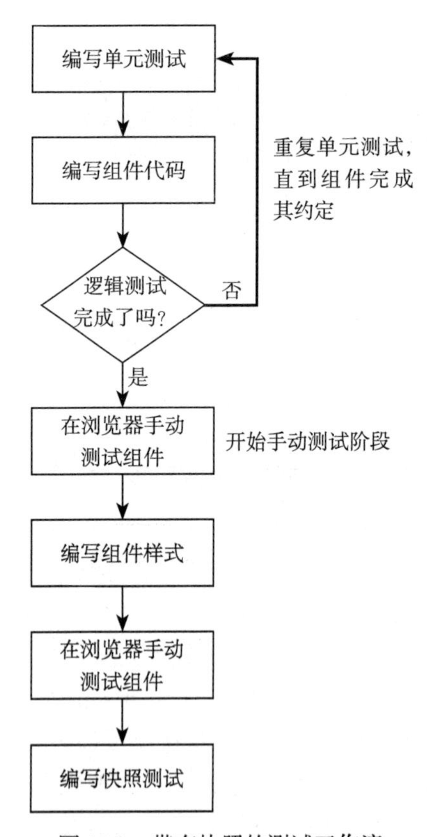

图 12.3　带有快照的测试工作流

当你为组件添加样式时，总是有需要手动测试的元素。除非你是 CSS 的天才，否则将 CSS 添加到组件后，需要在浏览器中手动测试应用程序，以确保应用正确。

你可以通过捕获快照中的手动测试来利用样式化的手动测试阶段。快照测试可以冻结手动测试的输出。如果你的团队非常严格，并且只提交在浏览器中测试过的组件的快照测试，那么快照测试会告诉你已经有人手动测试过该组件，并且该组件工作正常。如果想要对代码库进行大型重构，就可以运行快照测试，以确保你的重构没有更改组件输出。

但如果一个快照测试真的失败了怎么办？失败的快照测试会提示你查看组件渲染的 HTML 标签，并决定是否接受更改。如果你不确定组件是否使用了更改过后的输出内容设置样式时，可以在浏览器中打开应用程序，然后手动检查组件，观察它看起来是否正常。

因为要信任快照测试，所以将快照视为代码库的一部分是很重要的。当你审查包含新的或已更改的快照测试的拉取请求时，你应该像查看任何其他代码更改一样，仔细阅读快照代码。

现在你已经了解了快照测试在工作流中的位置。正如我在本章开头时所说，我非常喜欢这类测试。在阅读完这一章之后，我希望你能像我一样对快照测试感到兴奋！

在第 13 章，你将学习如何编写测试服务端渲染的测试代码。

总结

- 快照测试通过将代码的当前版本与保存的版本进行比较来防止意外更改。
- 快照测试是在手动测试组件之后编写的。
- Jest 将快照测试作为框架的一部分。

练习

1. 应该为静态组件编写多少快照测试？
2. 为什么需要在快照测试中模拟 Date 对象？
3. 为下列组件编写快照测试：

```
// TestComponent.vue
<template>
  <div>
    Hello, World!
  </div>
</template>
```

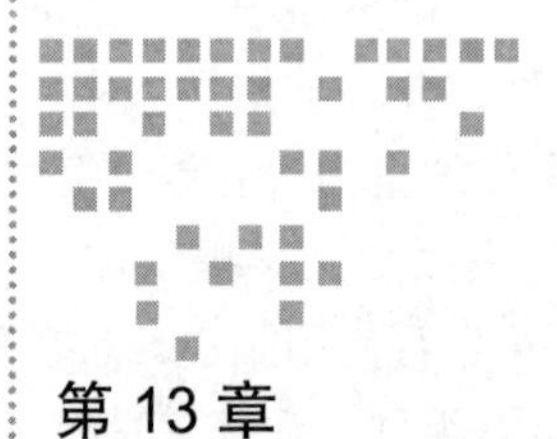

Chapter 13 第 13 章

测试服务端渲染

本章内容

- 了解服务端渲染（server-side rendering）
- 单元测试服务端渲染的 Vue 组件
- 测试服务器返回的 HTTP 响应码

服务端渲染（SSR）指的是把应用程序的 HTML 代码返回给客户端之前先在服务端渲染的过程。在 SSR 中使用 Vue 是很常见的，因此要成为一个全面的 Vue 测试人员，你应该学会测试服务端渲染应用程序的技术。

SSR 是一个很大的话题，大到根本无法在一本关于测试的书去讲一遍。因此本章不会教你如何将 SSR 添加到应用程序的细节，取而代之的是，我会按照官方指南（https:/vuejs.org/v2/guide/ssr.html）将 Hacker News 应用程序转换为 SSR 应用程序。这样，你可以专注于测试，而不是添加样板文件。

注释 要跟随本章的内容练习，你需要把 Git 分支切换到 chapter-13。如果你忘记了如何操作，可以到附录 A 中获取指导。在本章你需要使用 Node 来为应用程序提供服务，因此需要了解如何使用 Node 为应用程序提供服务。

尽管我不打算教你构建 SSR 应用程序中涉及的技术细节，但我会简要地介绍一下 SSR。你不需要熟悉 SSR 就可以跟随本章学习一些有用的技能。

测试 SSR 代码和测试客户端代码的根本区别在于测试代码运行在服务器而不是浏览器上。到目前为止，你所编写的测试代码都是运行在浏览器上，这里将会有所变化。

本章第一节是关于了解 SSR。第二节是关于为 SSR 的组件编写测试。最后一节是关于测试从服务器返回的状态码。当你向应用程序添加 SSR 时，你将负责服务器，并向用户发送正确的 HTTP 状态码。你可以编写集成测试来测试 HTTP 状态码，这是一种目前为止你还没有见过的测试。我会向你展示如何测试 SSR 应用程序返回的状态码。该方法不限于 Vue，它可以应用于任何 SSR 应用程序。这是一种非常实用的测试技术，可我却很少看到它被提及。

首先来学习一下什么是 SSR 以及它为何如此有用。

13.1　了解服务端渲染

通过 Vue SSR，服务器可以使用 Vue 生成应用程序初始的 HTML。当代码在客户端运行时，Vue 会激活（hydrate）静态 Vue HTML，使其可以进行交互。

注释　激活服务端应用程序指的是通过向 HTML 添加事件监听器，使应用程序能够交互的过程。比起重新渲染 HTML 客户端，这种方式会快很多。Vue 在客户端挂载时自动激活服务端渲染的应用程序。

SSR 优点与缺点集于一身。让我们先来看一下它的优点。

13.1.1　SSR 的优点

比起客户端渲染应用程序，SSR 有以下两大优点：

- 改善搜索引擎优化（SEO）
- 加快内容生成时间

传统客户端渲染的程序应用是一个 HTML 页，含有一个 <div> 和一个 script 元素，如例 13.1 所示。当 JavaScript 加载并执行之后，app 才会被渲染进 <div> 中。

例 13.1　客户端 app 的 HTML 响应

```
<head>
...
</head>
<body>
  <div id="app" />                       ◁— 渲染 app 的根 div 节点
  <script src="/dist/app.js"></script>   ◁— 指向挂载 Vue 应用程序并将其渲染到 div 的脚本的链接
</body>
```

程序运行良好。然而对于搜索引擎 Google 和 Bing 来说，这种提供 Web 页面的方式会导致一些问题。搜索引擎使用爬虫机器人来为网站添加索引，爬虫机器人会向网页发出请求，接着为响应添加索引。然后，搜索引擎会根据已编入索引的响应来判断页面是否包含要向用户显示的相关信息，因此响应包含呈现的页面内容至关重要。

搜索引擎可以在保存 HTML 之前执行页面中的 JavaScript，但并非总是这样。比方说，如果数据是通过异步调用获取的，在异步调用完成数据渲染之前，搜索引擎可能就已经为网站添加好了索引。

当爬虫为网站添加索引时，如果网站还没有被完整渲染，那么网页排名，也就是 SEO，将会受到极大的影响。对于大多数网站而言，SEO 是非常重要的。因此，应该避免任何客户端渲染内容会影响 SEO 的情况出现。服务端渲染可以确保搜索引擎正确地为页面内容添加索引，因为从服务器返回的是渲染好的静态 HTML。

服务端渲染的另一个优点是，它可以缩短内容到达所需时间。当你请求一个客户端渲染的页面时，在 JavaScript 下载完成并执行之前，页面都会是空白的（见图 13.1）。在网络连接很慢的情况下，这将花费更多的时间！

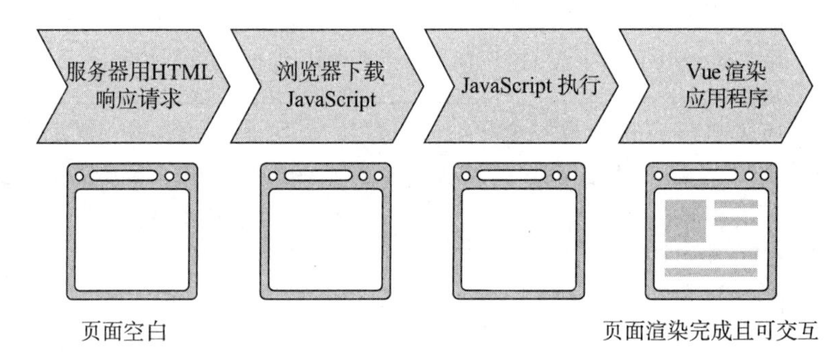

图 13.1　客户端渲染 app 的过程

如例 13.2 所示，一个服务端渲染响应会包含应用程序的所有 HTML，因此在浏览器一解析完 HTML 就可以渲染网页内容。

例 13.2　服务端 app 的 HTML 响应

```
<head>
…
</head>
<body>
  <div id="app">
    <header class="header">
      …
    </header>
    <div class="view">
      …
    </div>
  </div>
  <script src="/dist/app.js"></script>    ← 激活客户端 Vue 应用程序的脚本
</body>
```

因此服务端渲染的好处在于可以提升 SEO 及网页加载速度。不过服务端渲染（见图 13.2）也存在一些缺点。

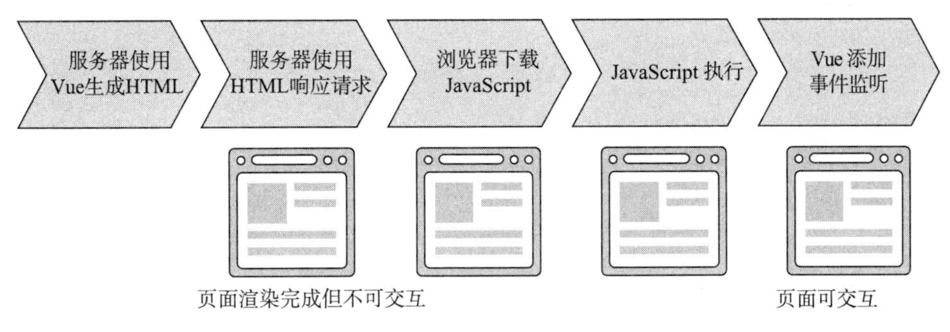

图 13.2　服务端渲染应用程序的过程

13.1.2　SSR 的缺点

服务端渲染（SSR）也并不总是那么美好，它也有一些比较明显的缺点：

- SSR 会使代码更加复杂
- SSR 需要服务器
- SSR 会增加服务端负载

服务端渲染的第一个缺点就是，它会使代码变得更加复杂。当你编写同时运行在客户端和服务端的代码时，需要考虑代码将在哪个环境中运行。例如，在客户端，document 是一个全局对象，你可以使用 document.title 为网页设置标题。但是在服务端你不能进行这个操作，因为 Node 中根本没有 document 对象。如果你试图在应用程序代码如在 mixin 中获取 document.title，Node 就会产生错误，应用程序将无法提供服务。

服务端渲染的第二个缺点是，它需要一个服务器。对于一个正常的 Vue.js 应用程序而言，所有内容都可以作为静态站点的一部分。使用服务端渲染，你就需要管理服务器并使用它渲染应用程序。这将使得托管和部署应用程序变得复杂，而且花费也可能会更昂贵。

定义　静态站点指的是只包含静态资源（比如 HTML 文件、JavaScript 文件，以及 CSS 文件）的站点。你可以使用服务来代替你托管静态网站，这也就意味着你没必要再管理服务器。

如果你已经使用了服务器来为你的网站提供服务，那么可以在应用程序提供服务之前更新服务端代码以渲染应用程序代码。不幸的是，比起把静态资源直接返回，在服务端渲染将会消耗更多的 CPU 资源，也将增加服务器响应时间。你需要确保有效地缓存页面，这样就不会增加太多的内存消耗。

注释　你可以使用任何支持 JavaScript 沙箱的后端语言来创建服务器。也就是说，你可以使用 PHP、Ruby，或者 Python 来编写你的服务器。

既然你已经知道了服务端渲染（SSR）的优点和缺点，现在是时候看一下你的应用程序

以及了解一下如何测试它了。

13.2 测试服务端渲染的组件

单元测试服务端渲染的组件会带来一些挑战，不过测试方法非常简单。

注释 我不打算一步步教你如何逐步给项目添加SSR，不用我更新了Hacker News应用程序来使用SSR，你可以在chapter-13分支上找到它。它遵循Vue SSR文档中规定的协议。如果你想要对SSR有更好的理解，我推荐你阅读这些文档，网址为https://ssr.vuejs.org/en。

你无法使用Vue Test Utils去测试服务端渲染的组件，因为Vue Test Utils需要运行在浏览器环境中。Vue Test Utils的底层工作方式是它会挂载组件，该组件会创建DOM节点。服务端渲染的代码和客户端渲染的代码不同，它会直接返回HTML字符串，而无须创建DOM节点。

要创建一个由Vue实例而来的HTML字符串，你需要使用vue-server-renderer包。renderToString方法会返回一个字符串，该字符串包含从Vue实例生成出来的HTML，如例13.3所示。

例 13.3 将Vue实例渲染为字符串

```
const { createRenderer } = require('vue-server-renderer')
const renderer = createRenderer()              <-- 创建一个渲染器
const vm = new Vue({                   <-- 创建一个实例
  template: '<div />'
})
renderer.renderToString(vm)            <-- 把实例渲染为字符串
```

当为服务端渲染代码编写单元测试时，你做的工作会和之前类似。生成一个字符串，然后断言这个字符串无误。

本书自始至终一直都在论述如何在测试中提供输入，然后断言输出。服务端渲染组件的输出内容几乎都是一个字符串，因此测试这些组件的方法非常直接。提供一个带有正确输入的组件，然后断言该组件生成的字符串是包含了正确的HTML，还是匹配到了快照。

实话实说，我不会为服务端渲染组件编写太多的测试。我会使用客户端Vue Test Utils为组件编写单元测试，这样，我可以与组件实例进行交互。我依靠端到端测试来捕获服务端渲染组件的问题。但是我知道其他开发者会为服务端渲染的组件进行单元测试，一些大型的公司甚至会同时在服务器和浏览器来对单独的组件进行单元测试，因此，这是一种非常重要的测试方法。

为服务端渲染的组件编写单元测试有以下两大重要原因：

- 组件在浏览器中的表现行为与在服务器中不同。

- 只能依赖单元测试和快照测试（不是端到端测试）进行测试。

想要测试服务端渲染组件，你可以使用 Vue Server Test Utils 库。

13.2.1 使用 Vue Server Test Utils

Vue Server Test Utils 是为服务端渲染组件准备的测试库。它会与 Vue Test Utils 共享相同的挂载 API，接受相同的参数来创建组件实例，不过不会返回包含 Vue 挂载实例的包装对象，Vue Server Test Utils 会返回渲染后的 HTML 字符串（参见例 13.4）。

注释 Vue Server Test Utils 在底层使用了 vue-server-renderer 包，你可以在文档中阅读相关 API，网址为 https://ssr.vuejs.org/en/ api.html。

例 13.4 使用 renderToString 编写快照测试

```
import { renderToString } from '@vue/server-test-utils'
import Component from './Component.vue'

test('renders correctly on server ', () => {
  const str = renderToString(Component, {      <-- 使用 Vue Server Test Utils 的 renderToString 方法生成字符串
    propsData: { msg: 'Hello, World!' }
  })
  expect(str).toContain('<p>Hello, World!</p>')   <-- 断言渲染的字符串包含带有文本 "Hello, World!" 的 <p> 元素
})
```

为了练习给服务端渲染的组件编写测试，你需要为 NotFound 视图组件编写一个快照测试。当 Vue Router 没有找到匹配路由时，NotFound 组件将会被渲染。

注释 使用了 SSR 的 Hacker News 应用程序在客户端和服务端都会使用 Vue Router。

首先，把 Vue Server Test Utils 作为开发依赖添加到项目中：

```
npm install --save-dev @vue/server-test-utils
```

在 src/views/__tests__/NotFound.server.spec.js 创建一个文件，.server 文件扩展名用于区分客户端测试文件与服务端测试文件。

要创建一个快照测试，你需要生成页面的 HTML 字符串，然后把它传入到 Jest 的 toMatchSnapshot 匹配器中。把例 13.5 中的代码添加到 src/views/__tests__/NotFound.server.spec.js 中。

例 13.5 使用 renderToString 编写快照测试

```
import { renderToString } from '@vue/server-test-utils'
import NotFound from '../NotFound.vue'

describe('NotFound', () => {
```

```
  test('renders correctly on server ', () => {
    const str = renderToString(NotFound)
    expect(str).toMatchSnapshot()
  })
})
```

使用 Vue Server Test Utils 把 NotFound 组件渲染为字符串

在运行测试之前，你需要给 NotFound 组件添加一个 beforeCreate 方法。把下列代码添加到 src/views/NotFound.vue 的 <script> 代码块里的 options 对象中：

```
beforeCreate() {
  document.title = 'hello'
}
```

现在使用 npm run test:unit 命令运行单元测试。测试通过了，快照测试将会被写入。可问题是，测试本不应该通过。如下所示，构建并启动服务：

```
npm run build && npm run start
```

现在把页面导航到 localhost:8080/does-not-exist。你会发现应用程序在生产环境崩溃了，并返回了一个状态码为 500 的错误。崩溃的原因是，在服务端渲染时你试图去设置 document.title 的值，不过在 Node 渲染组件时，document 是未定义的。这是说得通的，不过，为什么单元测试能够成功通过呢？

注释 如果出现了 EADDRINUSE 错误，则说明 8080 端口已经有进程在监听。你需要阻止进程监听 8080 端口，或者是在启动命令之前添加一个 PORT 环境变量：npx cross-env PORT=1234 npm run start。

问题是，Jest 默认会在 jsdom 环境中运行测试，也就是说，当你运行测试时，DOM 属性如 document 都是定义好的。当你用服务端渲染组件时，就可能会导致误报，单元测试可以通过，而在生产中代码运行却会失败。

当你为服务端渲染组件编写测试时，你应该在 Node 环境中运行测试，而不是在 jsdom 环境之中。在 Jest 中，你可以通过在文件顶部添加说明对这个进行设置。把例 13.6 中的代码添加到 src/views/__tests__/NotFound.server.spec.js 文件的顶部。

例 13.6 设置 Jest 测试文件使其运行在 Node 环境

```
/**
 * @jest-environment node
 */
```

再次运行测试。你应该会看到一个 document 为 undefined 的警告，快照测试没有匹配成功，测试也因此失败了。完美，现在你的测试运行在真实环境之中，测试不会通过。你可以移除 beforeCreate 钩子，再次启动测试确保它们通过。

你刚刚看到了在 jsdom 环境中测试服务端渲染组件碰到的问题。这也是另一个需要你把客户端测试和服务端测试抽离到不同文件的原因。你只能在一个环境中运行其对应的测试文件。我使用了添加 .server 扩展名的命名约定来标识服务端渲染代码的测试文件。例如，ItemList 的服务端测试文件为 ItemList.server.spec.js，而其客户端测试文件即为 ItemList.spec.js。

注释　当你使用 Vue Server Test Utils 时，VUE_ENV 会被设置为 server。当你把测试分成客户端测试和服务端测试，并使用 Jest 进行测试时，这就很有用，因为 Jest 可以运行每一个测试于新的进程之中。但是，如果你使用其他测试运行程序，而这些测试运行程序没有在单独的进程中运行测试文件，那么这种设置可能会造成很大的问题。如果你使用了不同的测试运行器，那么你应该使用一个脚本来运行客户端代码的测试，而使用另一个脚本来运行服务端代码的测试。

使用的 renderToString 方法会返回一个 HTML 字符串。但是，如果想要遍历服务端渲染的 HTML 标签怎么办？ Vue Server Test Utils 同时导出了一个方法来遍历渲染输出——render。

13.2.2　使用 render 遍历服务端渲染的标签

Vue Server Test Utils 暴露出来了两个方法—— renderToString 和 render。renderToString 会返回一个已渲染 HTML 标签的字符串。你只需对字符串启用极少的断言即可。如果要遍历服务端渲染的 HTML 标签，那么应该使用 render 方法。

Vue Server Test Utils 的 render 方法会返回一个类似于普通 Vue Test Utils 包装对象的包装对象，我相信你已经对此非常熟悉了。Vue Server Test Utils 包装器有一些方法可以遍历并断言渲染的字符串，但是它的 API 与 Vue Test Utils 包装器的略有不同。其不同之处在于，render 方法会返回一个 Cheerio 包装对象。Cheerio 是 jQuery API 的 Node 实现，因此，如果你之前用过 jQuery 的话，应该会感到很熟悉。如果没有，在 https://cheerio.js.org 有大量的文档可供查看。

使用 Cheerio API 的 render 方法可以提高测试代码的可读性，只需使用 renderToString 方法，就能编写那些难以编写的断言。如下所示，把 render 添加到 src/views/__tests__/NotFound.server.spec.js 下的 import 语句之中：

```
import { renderToString, render } from '@vue/server-test-utils'
```

你将向使用了 render 方法的 NotFound 组件添加测试。测试通过使用 h1 选择器调用包装器上的 find 方法，并调用 text 方法返回 <h1> 元素文本的方式，检查 NotFound 是否渲染了包含正确文本的 <h1> 元素。

把例 13.7 中的代码添加到 src/views/ __tests__/NotFound.spec.js 下的 describe 代码块。因为 NotFound 组件的代码已经存在，测试将通过。

例 13.7 使用 render 对服务端渲染代码进行断言

```
test('renders 404 inside <h1> tag', () => {
  const wrapper = render(NotFound)
  expect(wrapper.find('h1').text()).toBe('404')
})
```

生成一个 Cheerio 包装器

找到 <h1> 标签，然后断言它包含了文本“404”

你可以使用 npm run test:unit 来检查测试是否通过。如果格外小心的话，你应该编辑 404 页面，确保它是因为正确的原因失败了。

注释 要查看 Cheerio 包装器可用方法的完整列表，请访问 Cheerio 文档 https://cheerio.js.org。

这就是如何使用 Vue Server Test Utils 来为服务端渲染的组件编写单元测试。服务端渲染组件的单元测试通常很简单，因为你没有针对正在运行的实例进行断言，却可以使用与编写正常单元测试时相同的技术。主要区别在于 SSR 测试需要使用 Vue Server Test Utils 库并在 Node 环境下运行。

测试 SSR 的另一种实用技术是检查服务器是否返回了正确的状态码。你可以使用 SuperTest 来编写此测试。

13.3 使用 SuperTest 测试状态码

当为应用程序添加 SSR 时，你负责用正确的 HTTP 状态码来响应请求。一般来说，使用状态码进行响应时会涉及一些逻辑，因此编写测试以检查服务器是否正确地响应是大有裨益的。

你可以使用 SuperTest 来测试你的服务器是否返回了正确的状态码。SuperTest 是一个用于测试 HTTP 响应的库。

注释 在本节你将测试 HTTP 响应，我会聊一聊响应体和响应头。如果你对响应体、响应头或者 HTTP 不熟悉的话，阅读 MDN 上（http://mng.bz/0WWW）优秀的 HTTP 入门资料。如果你对 HTTP 还算熟悉，不过想更新 HTTP 响应的知识，可以阅读 MDN（http://mng.bz/K11E）下 HTTP 响应的相关内容。

这个过程与迄今为止编写的测试不同。本书的重点是前端测试，包括单元测试、端到端测试和快照测试。接下来我将要教你的测试是集成测试（integration test）。

集成测试很难定义。不同的人有不同的定义，没有明确的答案。不过，粗略地说，集成测试检查的是应用程序中协同工作的部分，但它们并不测试整个系统。

举个例子，我要教你的测试将会向服务器发出一个请求，并检查服务器是否用正确的状态码响应。它们不会测试客户端代码，只是测试服务器响应是否正确。

首先，你应该编写一个基本的健全性测试，向 facebook.com 发出一个请求，以确保设置正常工作。通过运行以下命令将 SuperTest 作为开发依赖项进行安装：

```
npm install --save-dev supertest
```

现在在项目的根目录下创建一个 server.spec.js 文件。你需要把你的 SuperTest 测试都放到这里面来。把例 13.8 代码添加到 server.spec.js 中，作为对 facebook.com 的请求，并断言它的响应是 200。

例 13.8　使用 SuperTest 测试 HTTP 请求

```
import request from 'supertest'

test('returns 200', () => {
  return request('https://www.facebook.com')
    .get('/')
    .expect(200)
})
```

将 SuperTest 作为 request 引入，这就是引入 SuperTest 的方式

因为 SuperTest 是异步的，你需要返回它返回的 promise

对基地址（base URL）发出 get 请求

断言 HTTP 状态码是 200

使用 npm run test:unit 运行测试。Jest 将获取 server.spec.js 并运行新的测试。添加的测试应该通过，但如果你身处一个对 Facebook 强制重定向的国家，它可能会失败。别担心，因为 Facebook 返回的是 302 而不是 200，所以测试失败了，不过这仍可以证明 SuperTest 的设置是正确的。

你可能已经注意到了，现在测试运行的时间稍久了些。使用 SuperTest 的测试比普通的单元测试花费的时间更长，这是因为它们发出了 HTTP 请求。

如果你有许多个使用了 SuperTest 的测试，测试套件可能需要花费几分钟运行。对单元测试时间而言，几分钟简直太久了，你不应该降低单元测试的速度。取而代之的是，你应该把单元测试和集成测试分离开，确保你的单元测试足够高效。

要实现这一点，请打开 package.json 文件。如下，编辑 test:unit 脚本，使其只在 src 文件夹下运行测试：

```
"test:unit": "jest src --no-cache"
```

注释　这里的 --no-cache 标志是用于修复 windows 旧版本中的 bug。如果你使用的是 macOS 或者 Linux，可以忽略此标志。

现在创建一个新的测试脚本 test:integration 来运行 SuperTest 测试。因为 SuperTest 会使用客户端的 JavaScript 打包文件创建一个运行的应用程序，所以你需要为服务器创建一个新的打包文件以便在每次运行测试时都可以使用。如果不使用新的打包文件，你测试的会

是旧的代码。要打包文件，可以在运行测试之前执行 build 脚本。遗憾的是，这将大大降低测试速度。

就像服务端渲染单元测试一样，SuperTest 测试需要运行在 Node 环境。在 package.json 文件中，向 scripts 字段添加一个新的脚本 test:integration，用于在 Node 环境下使用 Jest 运行 server.spec.js 文件：

```
"test:integration": "npm run build && jest --testEnvironment node --forceExit
    server.spec.js"
```

把集成脚本添加到 package.json 文件中的 test 脚本下，就像这样：

```
"test ": "npm run lint && npm run test:unit && npm run test:integration"
```

使用命令 npm run test:integration 启动集成测试，这就是如何使用 SuperTest 运行测试。你已经看到了可以使用 SuperTest 去请求一个 URL，并且断言从该 URL 获取的响应是正确的。不过你并不想对 Facebook 进行断言，只是想检查应用程序是否工作正常而已。为此，请设置在测试中运行的服务器。使用 SuperTest 创建一个运行服务器简直是小菜一碟，导入 express 应用程序，把它传递给 SuperTest，重构 server.spec.js 以包含例 13.9 代码。

例 13.9 使用 SuperTest 测试 200 响应

```
import app from './server'

describe('server', () => {
  test('/top returns 200', () => {
    return request(app)          // 通过把 app 传递到 SuperTest 来创建服务器
      .get('/top')               // 向 /top 路由发出 get 请求
      .expect(200)               // 断言服务器的响应是 200
  })
})
```

检查 200 个响应是不错，不过你可以选择使用端到端测试隐式地进行测试（将会在第 14 章中编写）。与其测试 200 个错误，不如编写一些 404 错误响应的测试。

为了检查是否得到了 404 错误响应，你可以向未知的路由发出 GET 请求。将例 13.10 中的代码复制到 server.spec.js 中。

例 13.10 当页面未找到时测试服务器是否响应 404

```
test('returns a 404 when page does not exist', () => {
  return request(app)
    .get('/does-not-exist')      // 向未知的路由发出 get 请求
    .expect(404)                 // 断言服务器返回了 404 错误
})
```

此测试将通过，应用程序已处理 404 错误响应。你可以更改 src/views/notfound.vue 中的 HTTPStatusCode 属性，以确保测试失败并出现断言错误。

注释 该项目使用了 mixin，该 mixin 会使用 HTTPStatusCode 属性设置状态码。这并不是一个标准的 Vue 特性！

我建议对于服务器应该返回的每个错误状态码都设置一个 SuperTest，通常是 200、404 和 500 状态码。SuperTest 的主要优点是它可以很容易地测试服务器的响应，因此你可以检查响应是否包含正确的 HTTP 头，如缓存控制（cache-control）或链接（link）。

你应该避免在 SuperTest 中测试 HTML 标签。当你有许多使用 SuperTest 的测试时，它们需要很长时间才能运行。你可以在单元测试或快照测试中测试组件的 HTML 标签。

使用 SuperTest 的主要目的是检查 HTTP 状态代码。对于其他端到端测试，并不总是能够确定你正在测试的代码是由服务器作为 HTTP 请求的一部分返回的，还是由服务器返回代码后执行的脚本渲染的。通过 SuperTest，你可以明确地测试服务端渲染的代码是否包含在 HTTP 响应中。既然你已经了解了如何为服务端测试编写单元测试和集成测试，那么我想谈一下隐式测试 SSR，以及为什么它通常比显式地单元测试服务端渲染的代码更具价值。

13.4 隐式测试 SSR

我在这本书中写过关于隐式测试和显式测试的内容。显式测试（explicit testing）是编写断言某些功能正常工作的测试。为 SSR 代码编写单元测试是显式测试。隐式测试（implicit testing）是将功能作为另一个测试的一部分进行测试，通过依赖该功能来通过测试。如果你隐式地测试某些功能，假使功能不能正常工作，测试将中断，不过测试并不能直接得出结论。

例如，端到端测试是启动应用程序并运行整个用户手册的测试。这些测试会执行大量的隐式测试，并检查应用程序的所有单元是否都能正确地协同工作。

混合使用隐式和显式测试是很有用的。隐式测试很好，因为你可以用更少的测试测试更多的功能。缺点是，当隐式测试失败时，很难确定代码的哪一部分导致了问题。不像显式断言那样会说“嘿，代码是这里出了问题”，你必须调试堆栈跟踪，以查看出了什么问题。隐式测试代码的好处在于，你不需要花费时间编写测试，并且可以轻松地重构代码。

你不会显式测试很多用于设置服务端渲染的代码。例如，在服务端的 Hacker News 应用程序中，有两个入口文件，一个用于服务器，一个用于路由。你不应该编写单元测试去检查入口文件设置是否正确。这些文件将通过端到端测试进行隐式测试，这些测试将加载一个页面并运行整个用户手册。如果配置不正确，则端到端测试将无法在用户手册中运行，测试将会失败。

类似地，许多 SSR 代码可以通过端到端测试进行隐式测试，而无须编写单独的单元测试。通常，使用 SSR 代码，编写显式单元测试的成本大于好处，但是有些情况下为 SSR 代码编写单元测试是有益的。这些由你自行决定。

在第 14 章中，你将学习如何编写端到端测试来完成测试套件。

总结

- 可以使用 Vue Server Test Utils 库测试服务端渲染代码。
- 可以使用 Vue Server Test Utils 的 render 方法遍历服务端渲染组件的字符串输出。
- 应该将服务端单元测试与客户端单元测试分开写在一个单独的文件中，这样就可以在 Node 环境中运行它们，而不是在 jsdom 环境。
- 可以使用 SuperTest 库测试 HTTP 状态码。

练习

1. 可以使用什么注释让 Jest 在 Node 环境中运行测试?
2. render 和 renderToString 的区别是什么?

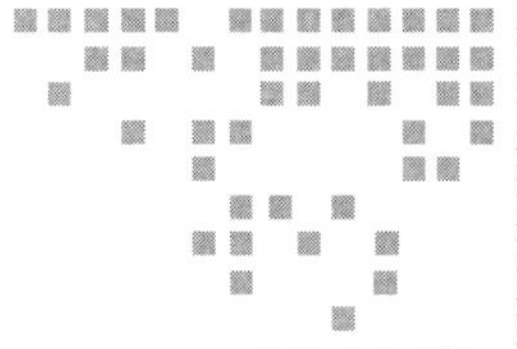

第 14 章 Chapter 14

编写端到端测试

本章内容

- 使用 Nightwatch 设置端到端测试
- 使用 Nightwatch 框架编写端到端测试
- 在 Chrome 和 Firefox 中运行 Nightwatch 测试

俗话说，天下没有不散的筵席。这是本书的最后一章，也是创建前端测试套件的最后一部分。在本章中，你将学习如何通过编写端到端测试来测试正在运行的应用程序。

在本书中，你学习了如何编写单元测试和快照测试。它们在测试单个单元时都非常有效，但却有一个突出的问题，那就是它们并不检查代码单元是否协同工作。端到端测试通过对完全可操作的应用程序执行测试来解决这个问题。

本章的第一部分是关于什么是端到端测试，它们如何适应测试工作流，以及如何编写有效的测试的。在你对端到端测试有了高度概览后，我将向你展示如何编写它们。

你可以借助不同的工具来编写端到端测试，自动化运行浏览器。但是在本书中，我将向你展示的是如何使用一个名为 Nightwatch 的框架来编写测试，该框架在底层使用了 WebDriver API。

在本章的主要部分，你将学习如何编写端到端测试，这些测试通过在 Chrome 中自动循环运行用户手册来完成。在 Chrome 中运行端到端测试之后，我将向你展示如何将它们设置为在多种浏览器运行。

在编写任何端到端测试之前，你需要知道什么是端到端测试，以及它们是如何适应前端测试金字塔的。

14.1 了解端到端测试

端到端测试通过自动运行浏览器与正在运行的应用程序交互来检查应用程序的行为是否正确。在第 1 章中，我比较了端到端测试和手动测试。手动测试应用程序时，需要打开应用程序，进行一些单击操作，确保应用程序正确响应。端到端测试除了不是人与应用程序交互而是程序与程序交互之外，其他都是一样的。

假设你想测试点击 Hacker News 标题中的新链接时，应用程序会渲染一个新列表。如果是手动测试，你将运行应用程序服务器，在浏览器中打开应用程序，单击新链接，检查路由是否更改，并检查列表是否更新。端到端测试会使浏览器自动执行这些完全相同的操作。

端到端测试非常棒，但它们确实存在一些缺点。为了克服缺点，你需要有效地编写这些测试。

14.1.1 高效地使用端到端测试

端到端测试是前端测试套件的重要组成部分。如果没有端到端测试，你将无法知道应用程序是否工作正常！但是，端到端测试有一些缺点：它们速度慢，很难调试，而且它们可能会很脆弱。

节制使用是高效使用端到端测试的关键。不要将所有测试都写成端到端测试，而应该只写一些贯穿核心使用者旅程的测试。这正是前端测试金字塔所描述的（图 14.1）。

将端到端测试视为单元测试和快照测试的补充。单元测试和快照测试会全面检查组成应用程序的组件和功能。而端到端测试会检查这些组件和功能是否工作正常。

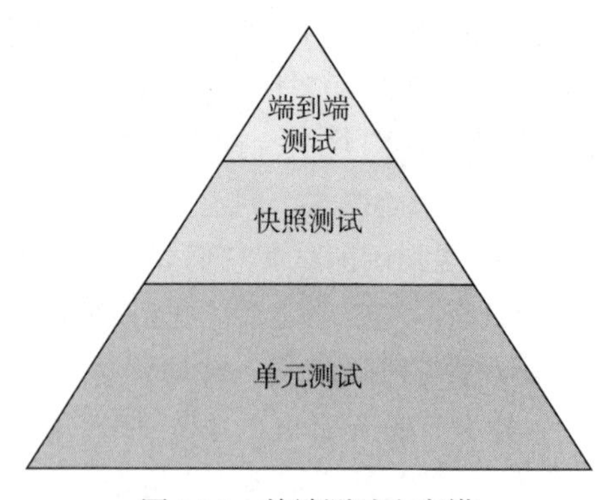

图 14.1 前端测试金字塔

Works on my machine!

Works on my machine（WOMM）是对错误报告令人非常不爽的一个回应。它发生在开发者无法在本地重现 bug 的情况下。当他们无法重现这些 bug 时，就会使用这句臭名昭著的话回答——我不知道哪里出问题了——它在我的机器上运行是好的。

端到端测试很难调试，但是如果不能在机器上重现这个 bug，任务会变得更加令人沮丧。

你可以通过在可重复使用的环境（如 Docker 容器）中运行应用程序和测试来避免 WOOM 问题。教你如何设置和使用 Docker 超出了本书的范围，但是如果你想把你的测试提升到新的水平，我建议你学习如何在 Docker 容器中运行你的应用程序和端到端测试。

既然你已经对端到端测试有了一个高度概览，现在是时候看看如何实现它们了。在本书中，你将使用 Nightwatch 和 WebDriverAPI。

14.1.2　了解 Nightwatch 和 WebDriver

Nightwatch 是一个用于自动运行浏览器的 JavaScript 框架。在底层，Nightwatch 使用 WebDriver 来控制浏览器。了解网络驱动程序对设置 Nightwatch 测试至关重要。

WebDriver 是一个自动运行浏览器的接口。使用 WebDriver 最流行的方法是使用 Selenium Server——一个带有 REST API（用于应用 WebDevices 协议）的 Java servlet。

注释　REST API 是一个使用 HTTP 请求在服务器上执行操作的接口。

要运行端到端测试，请启动 Selenium Server 来监听传入的 HTTP 请求。你可以通过向 Selenium Server 发送 HTTP 请求来自动运行浏览器。例如，如果 Selenium Server 正在监听端口 4444，则对 http://localhost:4444/wd/hub/session/1352110219202/element/0/click 的 POST 请求将驱使 Selenium Server 单击浏览器中的某个元素。

编写直接与 Selenium 通信的测试是很困难的，你需要管理浏览器会话，并且请求的 URL 会使得测试难以读取。Nightwatch 提供了一个对 WebDriver API 的实现。

例 14.1 是使用 Nightwatch 在 Google 中输入搜索并断言“Nightwatch”包含在结果中的示例。

例 14.1　测试 Google 展示的结果

```
module.exports = {
  'displays result correctly' : function (browser) {   <- 测试被定义为对象上的方法，并使用属性名作为规范名
    browser
          .url('http://www.google.com')                 <- 自动运行浏览器访问 www.google.com
          .waitForElementVisible('body', 1000)
          .setValue('input[type=text]', 'nightwatch')   <- 向输入框区域输入值
          .click('button[name=btnG]')                   <- 单击按钮
          .pause(1000)
          .assert.containsText('#main', 'Nightwatch')   <- 断言页面内容包含文本“Nightwatch”
          .end();
    }
  };
```

Nightwatch 使用 HTTP 请求与 Selenium Server 进行交互，然后 Selenium Server 将命令转发到浏览器以执行（图 14.2）。不过，你不需要知道 Selenium Server 的 REST 端点，你只需要启动 Selenium Server 并把 Selenium Server 运行在哪个 URL 上告诉 Nightwatch 即可。

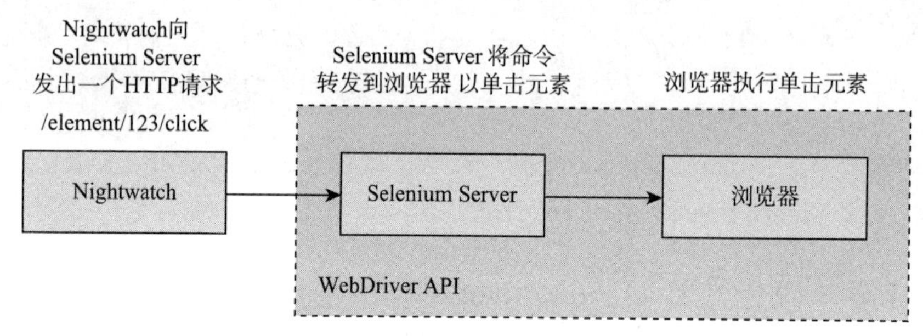

图 14.2 使用 Nightwatch 单击元素

既然你已经了解了 Nightwatch 的工作原理，现在可以将其添加到你的项目中了。

14.2 把 Nightwatch 添加到项目中

当你不理解你正在做什么的时候，安装 Nightwatch 看起来会很困难。在本章节，我会全程带你安装依赖项和配置 Nightwatch，使其运行在正确的 localhost 端口。

要想让 Nightwatch 运行起来，你需要完成下列 4 件事情：

1. 安装 Nightwatch 依赖项。
2. 添加 Nightwatch 配置。
3. 添加一个可用性测试。
4. 编写脚本启动服务器运行 Nightwatch。

14.2.1 安装依赖项

依赖项可能是一场噩梦。当我编写非 JavaScript 的应用程序时，我总是惊讶于下载一个项目、安装它的依赖项以及设置它在本地运行是多么困难。npm 为我们这些幸运的 JavaScript 开发者减轻了许多痛苦，只需运行 npm install，依赖项就帮你装好了。npm 天生就是为 JavaScript 依赖项准备的，不过你也可以将其用于安装非 JavaScript 依赖项。

Nightwatch 会使用到 Selenium Server，这是一个 Java applet。即便 Selenium Server 是使用 Java 编写的，但它依旧可以使用 npm 安装。这确保了你依旧可以下载项目，然后运行 npm install 安装依赖，从而使测试和开发脚本工作正常。你应该始终把运行 npm it（npm install && npm run test 的别名）作为项目的目标，它将安装所有依赖项并运行测试脚本。

注释　你需要安装 Java 开发工具（JDK）来运行 Selenium Server，最低版本是 7。你可以在附录 A 中阅读如何操作。

使用下列命令安装 Selenium Server 和 Nightwatch 作为项目依赖：

```
npm install --save-dev nightwatch selenium-server
```

你还需要添加浏览器特定驱动程序（browser-specific driver）。浏览器驱动程序指的是可以被 Selenium Server 使用，以便在不同浏览器执行测试的程序。目前你需要在 Chrome 中运行测试，因此需要把 Chrome 驱动下载下来。

运行下列命令将 ChromeDriver 保存为开发依赖项：

```
npm install --save-dev chromedriver
```

把 Selenium Server 和 ChromeDriver 二进制文件安装到 npm 包之后，下一步是配置 Nightwatch 启动 Selenium Server 并与之通信。

14.2.2　配置 Nightwatch

Nightwatch 可以帮你启动 Selenium Server 和 ChromeDriver。要让 Nightwatch 运行这些程序，你需要添加一个 Nightwatch 配置文件来告诉 Nightwatch 二进制文件的位置。

到目前为止，在这个项目中，你已经将单元测试和快照测试保存在 src 目录中，放在它们要测试的代码旁边。对于端到端测试，你将在项目根目录中创建一个单独的 e2e 目录。端到端测试会检查正在运行的应用程序，它们不关注某一个特定的文件，因此无须像单元测试和快照测试一样将它们放在正在测试的文件旁边。

在项目根目录创建一个 e2e 文件夹，现在创建一个 e2e/nightwatch.conf.js 文件，把例 14.2 中的代码添加进去。

例 14.2　Nightwatch 配置文件

```
module.exports = {
  src_folders: ['e2e/specs'],
  output_folder: 'e2e/reports',
  selenium: {
          start_process: true,
          server_path: require('selenium-server').path,
          host: '127.0.0.1',
          port: 4444,
          cli_args: {
            'WebDriver.chrome.driver': require('chromedriver').path
          }
        },

      test_settings: {
```

放置测试文件的目录

Nightwatch 输出测试报告的目录

Selenium Server 二进制文件路径，该路径会被 npm 包 Selenium Server 输出出来

4444 是默认的 Selenium Server 端口号

设置 Nightwatch 以使用 ChromeDriver 路径启动 Selenium 进程。你正在使用的是 chromedriver 包导出的路径，该包可以处理 ChromeDriver 的安装

```
    chrome: {
      desiredCapabilities: {
        browserName: 'chrome'
      }
    }
  }
}
```

chrome 测试环境的设置。测试环境是通过把 --env 参数传递给 Nightwatch 来配置的

既然 Nightwatch 已经配置好了，你可以编写一个可用性测试来确保安装程序正常工作。

14.2.3 添加一个可用性测试

当你煮完美味的汤后，在把汤端给客人之前先尝一勺总是一个好主意，这样才能确保它的味道很好。同样，当你添加了一个新的测试，应该始终添加一份可用性测试。你不想花几个小时调试一个测试，结果却发现你的设置是错误的吧！

就像在这本书里编写的其他测试一样，你应该把端到端测试抽离到它们自己的脚本中去。打开 package.json 文件，如下所示，使用 Nightwatch 配置文件，添加一个 test:e2e 脚本来运行 Nightwatch：

```
"test:e2e": "nightwatch --config e2e/nightwatch.conf.js --env chrome",
```

你应该把 test:e2e 脚本包含在完整的 test 脚本中。打开 package.json，更新 test 脚本来运行端到端测试，就像这样：

```
"test": "npm run lint && npm run test:unit && npm run test:integration && npm
    run test:e2e",
```

这是一个重要的时刻！你终于有一个针对应用程序运行的完整测试脚本了。

接下来，你需要添加可用性测试，以检查运行程序和配置是否设置正确。创建新文件 e2e/specs/journeys.js。打开文件，并添加例 14.3 代码。

例 14.3 访问 localhost:8080 的 Nightwatch 测试

```
module.exports = {
  'sanity test': function(browser) {
    browser
      .url('http://localhost:8080')
      .waitForElementVisible('.item-list', 2000)
      .end();
  }
}
```

要在本地对应用程序运行 Nightwatch 测试，应用程序必须处于正在运行的状态。在命令行中输入以下命令构建 JavaScript 文件并启动服务器：

```
npm run build && npm run start
```

打开一个新的选项卡，使用命令 npm run test:e2e 运行测试脚本。Nightwatch 会查找测

试文件，接着打开浏览器，然后导航到 localhost:8080，并等待 .item-list 元素显示出来。

注释　在 Windows 上，你可能会看到一个警告对话框，要求你允许运行 Selenium，你应该点击选择接受。

测试应该可以通过。很好，除了这个设置有点问题。为了分别运行服务器和测试，你必须在两个单独的终端选项卡中运行这两个进程。

注释　如果测试没有通过，应该是因为服务器没有运行在 8080 端口。必须在两个单独的终端选项卡中运行两个进程，以便运行服务器和要运行的测试。

测试套件应该从一个脚本运行，不能依靠人手动启动服务器。解决方案是创建一个运行程序脚本，该脚本会帮你启动服务器，然后在单独的进程中运行 Nightwatch。

14.2.4　编写一个端到端测试脚本

你将编写一个启动服务器的文件，然后生成一个使用正确参数运行 Nightwatch 的子进程。这样，你就可以只运行一个脚本就可以启动服务器并运行 Nightwatch 了。

注释　如果你对子进程不熟悉，可以在 https://nodejs.org/api/child_process.html 阅读相关内容。

运行文件将导入项目中 Express 生成的 app，然后通过调用 listen 方法启动服务器并监听。当服务器开始监听时，进程将一直运行，直到被信号或错误停止为止。你将使用 Node event emitter 绑定这些事件，并在服务器退出时停止进程。

注释　如果你对 Node event emitter 不熟悉，可以在 https://nodejs.org/api/events.html#events_events 查看相关内容。

当服务器开始监听时，你将创建一个子进程来运行 Nightwatch。测试运行完成后，你将关闭服务器并退出脚本。创建一个名为 e2e/runner.js 的文件，并将例 14.4 代码添加到该文件中。

例 14.4　启动服务器，运行 Nightwatch

```
const app = require('../server')
const spawn = require('cross-spawn')

const PORT = process.env.PORT || 8080        <-- 从环境变量中获取端口号（如果设置了），默认为 8080

const server = app.listen(PORT, () => {      <-- 在端口启动服务器监听，并在服务器运行时调用回调函数
  const opts = ['--config', 'e2e/nightwatch.conf.js', '--env', 'chrome']
  const runner = spawn('./node_modules/.bin/nightwatch', opts, { stdio:
```

```
      'inherit' })

    runner.on('exit', function (code) {
      server.close()
      process.exit(code)
    })

    runner.on('error', function (err) {
      server.close()
      throw err
    })
  })
```

生成一个子进程，该子进程运行 Nightwatch 二进制文件，配置路径和环境设置为 chrome。这等价于在 npm 脚本中运行 nightwatch --config e2e/nightwatch.conf.js --env chrome。它会生成一个运行该命令的子进程，该命令将启动 Nightwatch。stdio inherit 选项告诉子进程将所有内容打印到主进程，这样在运行脚本时，你将在终端中看到输出

生成一个流。你可以使用 on 方法来监听进程中的事件，当 Nightwatch 结束运行时关闭服务器，终止进程

此回调将在服务器创建错误时运行。你应该关闭服务器并在此进程中抛出错误

现在你已经有了运行文件，你还需要更新 test:e2e 脚本。打开 package.json 文件，使用 Node 更新脚本以启动运行文件：

```
"test:e2e": "node e2e/runner.js",
```

执行 npm run test:e2e 运行测试脚本。它将启动服务器，运行测试，打开浏览器导航到应用程序，等待直到 .item list 元素可见，关闭浏览器，并报告测试是否通过。

你已经了解了如何将 Nightwatch 添加到服务端项目。下一步是编写一些测试。

在客户端渲染的项目中运行测试

为客户端渲染的项目添加运行 Nightwatch 端到端测试的脚本比为服务端渲染的项目稍微复杂一些。

客户端渲染的项目和服务端渲染的项目的区别在于服务端渲染项目已经包含了一个可以在本地为应用提供服务的服务器。对于客户端项目，项目中通常没有运行应用程序的服务器。

幸运的是，大多数客户端渲染的 Vue 项目使用 webpack 进行代码打包。webpack 有一个开发服务器包，它可以运行一个 Node 服务器来为项目提供服务。你可以在运行脚本中使用 webpack 开发服务器（development server）为文件提供服务，并针对开发服务器上运行的文件运行测试。

14.3 使用 Nightwatch 编写端到端测试

是时候再让你忙起来了，使用 Nightwatch 编写端到端测试。在编写测试之前，你需要先考虑要编写哪些测试。

14.3.1　选择要编写哪些端到端测试

决定哪些测试要写哪些不写是一门艺术。编写尽可能少的端到端测试很重要，因为端到端测试脚本很快就会变得缓慢和不稳定。

为每个可能的用户操作编写端到端测试是不现实的。用户可以采取的操作组合太多。相反，你需要有选择地编写只检查核心用户操作的测试。

编写高效的端到端测试的关键是使用它们来执行主要操作。我见到的一个常见错误是用它来检查页面的 HTML。例如，他们会检查页面是否渲染包含正确列表项的列表。这简直就是单元测试和快照测试的代价高昂的重复操作！如果你为页面上每一段 HTML 都编写测试，测试套件将需要数年的运行时间。当然，有时你需要检查 HTML，但也请将其保持在最低限度内使用。

在 Hacker News 应用程序中有 top、new、show、ask 和 jobs 几个列表。你可以为这些列表中的每一个编写端到端的测试，但这意味着相同的功能会被测试五次。

在测试中，时间是非常宝贵的资源。你应该减少端到端测试编写的数量。牢记这一点，以下是你将测试的 Hacker News 应用程序的几个核心旅程：

- 单击 Comments 将用户转到项目页面
- 单击用户名跳转到用户页面
- 单击标题内列表，刷新该列表项内容
- 页面分页正常

你要编写的第一个测试是检查路由是否工作正常。

14.3.2　为路由编写端到端测试

路由很难用单元测试进行测试，这使得它成为编写端到端测试的良好候选。端到端测试的难点之一是决定应该断言什么来告诉你一个旅程处于正确运行状态。如果你要手动进行 clicking Comments takes the user to the item page 测试时 ，你应该打开浏览器，点击 Comments 链接，看页面是否更新了。你可以很直观地看到页面是正确的，但是如何告诉程序页面是正确的？你可以确认每个元素是否都被渲染了，但这样测试的时间会很长。作为替代，你需要进行折中操作，并选择能够让你对代码正确工作有足够信心的内容。例如，你可以检查是否渲染了一个对新页面而言是唯一的元素。

在检查 clicking Comments takes the user to the item page 的测试中，当点击 Comments 链接时，你需要检查 URL 是否更新，以及 class 为 item-view 的元素是否可见。使用例 14.5 中的代码替换掉 e2e/specs/journeys.js 中的可用性测试。

例 14.5 检查链接是否导航正确

```
'takes user to the item page': function(browser) {
  browser
    .url('http://localhost:8080')
    .waitForElementVisible('.news-item', 1)
    .click('.comments-link')
    .assert.urlContains(`/item`)
    .waitForElementVisible('.item-view', 15000)
    .end();
}
```

导航到运行中的应用程序

等待 class 中含有 news-item 的列表项，这确保你在点击 Comments 链接时列表项已经渲染

点击 Comments 链接

断言 URL 现在包含了 /item，这也就代表路由工作正常

断言 item-view 组件可见

使用 npm run test:e2e 运行测试，测试将会失败。原因是因为列表项没有加载得足够快，waitForElementVisible 命令失败了。你可以通过增加 waitForElementVisible 的等待时间来解决这个问题。waitForElementVisible 的第二个参数是在抛出错误之前它应该等待的毫秒数。在文件中，把第一个调用 waitForElementVisible 的时间增加到 15000（15 秒），如下所示：

```
.waitForElementVisible('.news-item', 15000)
```

现在再次启动测试，如果你的网络足够快的话，它们都是可以通过的。如果你的网络连接很糟糕的话，可以增加 waitForElementVisible 需要等待时间的毫秒数。

flaky test

端到端测试饱受被称为 flaky test 的问题的困扰。flaky 测试指的是那些即便代码工作正常，但却时有失败的测试。测试不稳定的原因有很多种。例如，如果用户手册部分 API 调用的响应耗时过久，测试会超时并失败。

当你的测试套件中有一个 flaky test 时，你会开始忽略失败的测试。很容易陷入一种习惯，认为失败的测试套件只是另一个不稳定的测试。这将使得你的测试套件变得低效。在一个高效的测试套件中，任何失败的测试都会告诉你应用程序里有一个 bug。

可以在端到端测试中添加长超时（long timeout）来避免 flaky test。如果一个 API 调用比预期花费更多的时间，测试也不会失败。很难完全避免 flaky test，最好的方法是尽可能少地编写端到端测试，同时仍然可以测试核心用户旅程。

下一个要编写的是检查 clicking a username redirects to a user page 的测试。这个测试和之前的测试有些类似。你需要在浏览器中打开应用程序，等待直到列表项加载出来，点击 user 链接，然后断言浏览器导航到了正确的路由。

要检查浏览器是否导航到了正确的路由，测试会检查路由是否更新以及带有 user-view class 的元素是否可见。把例 14.6 中的测试添加到 e2e/specs/journeys.js 里的对象中。

例 14.6 检查路由是否更新

```
'clicking on a user redirects to  the user page': function(browser) {
  browser
    .url('http://localhost:8080')
    .waitForElementVisible('.news-item',  15000)
    .click('.by a')
    .assert.urlContains(`/user`)
    .waitForElementVisible('.user-view',  30000)
    .end();
}
```

点击链接

断言 URL 路径中现在包含 /user

断言 user-view 元素被渲染了

执行 npm run test:e2e，运行测试并观察其是否通过。只要你的网络状态良好，测试就会通过。

编写的测试会检查 URL 是否更新以及应用程序是否渲染了正确的元素。你没有对页面中的值是否正确进行检查。当页面值有动态数据时，检查其值可能会比较困难。

14.3.3 为动态数据编写端到端测试

检查使用了动态数据的应用程序是很困难的。例如，随着时间的流动，Hacker News 会展示不同的列表项。你不能把一个值硬编码到测试中，如果你断言一个列表项的标题为 Some HN item title，当你一个星期之后再执行测试的时候，标题改变了，测试也将会失败。

在 Hacker News 应用程序中，你需要测试分页是否工作正常。你可以通过在单击分页链接时断言 URL 更新来完成此操作。但这并不是一个严格的测试。它不会验证页面内容是否已更改。

测试页面内容是否已更改的一种方法是将以前的页面内容保存为变量，并将其与新的页面内容进行比较。这个测试仍然不是完美的，但是它确实可以告诉你内容已经改变了。

你要编写一个测试，它将会把列表文本以变量的形式保存起来。然后使用分页链接进行导航，断言当前文本已经从上一个完成了更改。这样，你就知道列表值已经进行了更新。

把例 14.7 中的代码添加到 e2e/specs/journeys.js。

例 14.7 通过点击导航栏更改列表

```
'paginates items correctly': function(browser) {
let originalItemListText;

  browser
    .url('http://localhost:8080')
    .waitForElementVisible('.news-item',  15000)
    .getText('.item-list', function(result)
      originalItemListText = result.value
    })
```

等待直到列表项已加载

获取 .item-list 的文本并把它存储到 originalItemListText 变量中

```
    .click('.item-list-nav a:nth-of-type(2 )')
    .waitForElementNotPresent('.progress',  15000)
    .perform(() => {
      browser.expect.element('.item-
        list').text.to.not.equal(originalItemListText)
    })
    .getText('.item-list', function(result) {
      originalItemListText = result.value
    })
    .click('.item-list-nav a')
    .waitForElementNotPresent('.progress',  15000)
    .perform(() => {
      browser.expect.element('.item-
        list').text.to.not.equal(originalItemListText)
    })
  },
```

点击 **More** 链接

等待直到进度条消失（直到加载了新列表项目）

perform 是一个命令，它提供给你一个回调来执行命令。在这里，你使用回调函数来执行 **expect** 断言，以确保 **.Item-list** 元素中的文本与原始文本不同。该断言可以检查 **.Item-list** 是否已更新

更新 **originalText** 的值

点击 **Prev** 链接

断言文本再次更改

你可以使用相同的方法来检查当用户在浏览器点击不同类型的列表时列表是否更新。把例 14.8 中的代码添加到 e2e/specs/journeys.js。

例 14.8　使用端到端测试检查使用者旅程

```
'changes list by clicking through nav': function(browser) {
  let originalItemListText;
  browser
.url('http://localhost:8080')
    .waitForElementVisible('.news-item',  15000)
    .getText('.item-list', function(result) {
      originalItemListText = result.value
    })
    .click('.inner a:nth-of-type(2)')
    .waitForElementNotPresent('.progress',  15000)
    .perform(() => {
      browser.expect.element('.item-
    list').text.to.not.equal(originalItemListText)
    })
    .getText('.item-list', function(result) {
      originalItemListText = result.value
    })
    .click('.inner a:nth-of-type(4)')
    .waitForElementNotPresent('.progress',  15000)
    .perform(() => {
      browser.expect.element('.item-
    list').text.to.not.equal(originalItemListText)
    })
  },
```

等待直到列表项已加载

获取 **.item-list** 元素的文本，把它存储到 **originalItemListText** 变量中

点击链接加载新列表

通过在加载新列表之前比较新文本和旧文本，断言 **.Item-list** 已更新

存储当前列表文本

点击链接加载新列表

断言 **item-list** 已更新

运行测试脚本 npm run test:e2e ，你已经编写了测试来检查核心使用者旅程。如果应用程序的单元模块没有正确连接，测试将会失败。这些端到端测试也会对应用程序是否配置正确进行间接测试。

既然你已经编写好了端到端测试，并且它也在 Chrome 中运行通过了，是时候在另一个浏览器中运行它们了。无须修改测试代码就可以完成，你需要做的就是添加一些额外的配置。

14.4　在多浏览器运行端到端测试

跨浏览器测试是任何大型应用程序重要的组成部分，不过这会有些耗时。使用 Nightwatch 编写端到端测试的一个好处是：使用极少的配置就可以在多个浏览器中运行。在本章中，你将了解如何在 Firefox 和 Chrome 中运行测试。

注释　别忘了，Nightwatch 使用了 WebDriver API，这是一种 W3C 标准。这也就意味着大多数浏览器都支持 WebDriver 协议。

你将在 Firefox 中运行测试，因此需要下载 Firefox 驱动程序 geckodriver。记住，驱动程序是针对不同浏览器的 WebDriver 实现。你需要使用 npm 包来管理下载的二进制驱动文件，因此第一步就是安装 geckodriver，并把它作为依赖项进行保存。在命令行运行下列命令：

```
npm install --save-dev geckodriver
```

你需要设置 Nightwatch，以便将 geckodriver 二进制路径传递给 Selenium 进程。你可以在 Nightwatch 配置文件中完成。打开 e2e/nightwatch.conf.js 文件，在 selenium.cli_args 中，额外添加以下一行：

```
'WebDriver.gecko.driver' : require('geckodriver').path
```

现在你可以更新运行脚本，使用新环境调用 Nightwatch。这样，Nightwatch 既可以在 Chrome 又可以在 Firefox 环境中运行测试。打开 e2e/runner.js 文件，该文件中是一个 opts 数组，它包含了在调用 Nightwatch 进程时传递的命令行选项。你需要更新该行将 chrome、firefox 作为 env 参数传递。用以下代码替换掉该命令行选项：

```
const opts = ['--config', 'e2e/nightwatch.conf.js', '--env', 'chrome,firefox']
```

当你启动运行脚本时，Nightwatch 会在 Chrome 环境和 Firefox 环境运行测试。如果运行 test:e2e 脚本，你会得到一个 Nightwatch 被传递到无效测试环境的错误，你需要在 Nightwatch 配置文件中添加 Firefox 环境。

在 e2e/nightwatch.conf.js 文件中添加这个选项。该选项会告诉 Nightwatch 当运行在 Firefox 环境时使用 Firefox 浏览器。打开 nightwatch.conf.js，把例 14.9 中的代码添加到 test_settings 对象中。

例 14.9 定义 Firefox 环境 Nightwatch 配置

```
firefox: {
  desiredCapabilities: {
    browserName: 'firefox'        <-- 将 Nightwatch 设置为在运行 Firefox 环境时使用 Firefox 浏览器
  }
}
```

这就是你在 Firefox 中运行测试时所需的所有设置。运行 npm run test:e2e 端到端测试脚本，你将看到 Nightwatch 现在可以在 Firefox 和 Chrome 中运行测试了。

你可以使用相同的步骤来添加额外的浏览器。不过你需要使用支持该浏览器的操作系统。例如，你需要使用 Windows 10+ 才能够在 Edge 中运行测试。

太棒了，现在你有了在 Chrome 和 Firefox 中运行的测试和 Nightwatch，后者使用了 WebDriver API。

可选的端到端测试框架

大多数测试框架都使用了 WebDriver。我教你如何使用 Nightwatch 的原因是因为 WebDriver 是最流行的解决方案。但是对于 WebDriver 而言，还是会有其他可选项。最有希望和发展前景的两个是 TestCafe 和 Cypress.io。它们都比 WebDriver 解决方案运行更快，而且设置所需的配置也更少。缺点是这些替代框架都比较新，社区会比 WebDriver API 小很多。

学习 TestCafe 的最佳方式是阅读它的入门指南：http://mng.bz/nxn5。Cypress.io 在 http://mng.bz/vOgp 也有一个很好的入门指南。

现在你有了单元测试、快照测试、集成测试以及针对 Hacker News 应用程序运行的端到端测试。你可以通过以下脚本运行它们：

```
npm t
```

祝贺你！你已经完成了 Hacker News 应用程序，并且开发了一个测试套件，它可以有效地测试应用程序的行为是否正确。

总结

- 可以编写端到端测试来测试使用者旅程是否工作正确。
- 可以使用 Nightwatch 框架来编写端到端测试。
- 可以安装 Nightwatch 来运行服务端渲染的应用程序以及客户端渲染的应用程序。

14.5 接下来何去何从

你的测试探索之旅到这里就结束了。你已经获取了测试经验，提升了测试技能，并获得了 Vue 测试大师的称号。

从第 2 章的第一次测试开始，这真是一个漫长的旅程。你已经学会了为 Vue 组件编写单元测试，学会了使用快照测试测试静态输出组件。最后，你还学会了使用端到端测试去检查一个应用程序是否表现正常。

当然，正如刚从大学毕业的学生，你的测试之旅才刚刚开始。在广阔的世界中，你将碰到从未见过的代码以及难以预料的问题，这些问题将挑战你的测试能力。但我相信，有了这本书所学的技巧，你会找到解决办法，战胜这些未知的挑战。

随着你测试技能和经验的提升，你可能想要为 Vue 测试社区做出贡献。你可以有很多方法来推动社区进步。你可以创建一个测试库，编写博客文档，或者给予其他开发者指导。你会惊讶于你的行为所能产生的影响，以及它们能给其他开发人员带来的好处。

不管你的未来如何，我很高兴能教你我的测试方法，世界上又多了一位 Vue 测试大师！

测试愉快！

Appendix A 附录 A

安装开发环境

要想跟随本书一起学习，你需要在电脑上安装一些程序。

A.1 选择一个代码编辑器

你有很多很棒的编辑器可以选择。大多数流行的编辑器都有 Vue 插件，它们可以给 .vue 文件添加语法高亮。

我使用 WebStorm 的原因是它调试起来很简单。其他一些优秀的编辑器还包括 Visual Studio Code、Sublime Text 以及 Atom。如果你是守旧派的话，甚至都可以用 Notepad。

要在 VSCode、Sublime 或者 Atom 中高亮 .vue 文件，你需要安装插件（表 A.1）。

表 A.1 编辑器和插件

编辑器	插件	地址
Sublime	vue-syntax-highlighting	https://github.com/vuejs/vue-syntax-highlight
Atom	language-vue	https://github.com/hedefalk/atom-vue
vim	vim-vue	https://github.com/posva/vim-vue
Visual Studio Code	vetur	https://github.com/vuejs/vetur

本书中假设编辑器是未知种类的。例如，当我教你如何调试测试时，我会使用一种适用于使用 Node Debugger 和 Chrome Devtools 的所有代码编辑器和 IDE 的方法。

A.2 使用命令行

本书中会大量用到命令行，不过你不会编写任何复杂的脚本，只是会进行一些常规的输入命令，使用 npm 脚本运行测试，启动服务以及使用 Git 克隆仓库。

你需要掌握使用 cd 来进行文件系统的导航，使用 mkdir 创建文件夹。

提示　如果你要提高你的命令行技能，你应该在 www.davidbaumgold.com/tutorials/command-line 阅读 DavidBaumgold 的 *Know the Command Line*。

本书从前到后，我都会指导你去“输入下列命令”，当我告诉你去“输入下列命令”时，我指的就是在项目根目录下，将后面的代码添加到命令行界面，然后按 < Enter > 键。

你应该使用 UNIX 命令行界面。Linux 和 MacOS 用户可以使用你最喜欢的终端程序。对于 Windows 用户，我建议使用 Git Bash。Git Bash 是一个 UNIX 终端模拟器，默认情况下由 Windows Git 安装程序安装。

确保你在 Hacker News 项目根目录下。如果你使用的是 UNIX 终端，那么可以使用 pwd 命令检查当前工作目录。

A.3　安装 Chrome

在这个项目中，你应该把 Chrome 作为你的浏览器。如果我们使用同一种浏览器，我可以更容易地教你输入什么命令。另外，Chrome 还有一个很棒的调试器，我将在第 2 章中向你展示如何使用它。

如果你没有安装 Chrome，可以按照 Chrome 安装页面 https://support.google.com/chrome/answer/95346 上的说明安装 Chrome。

使用 Chrome DevTools

在本书中，我有时会要求你打开 Chrome DevTools。Chrome DevTools 是一组内置在 Chrome 中的工具，可以简化调试。里面会有大量的工具，但在本书中你唯一要使用的工具是控制台（Console）和调试器（Debugger）。在第 1 章中有一个关于使用调试器的详细指南。

要使用控制台，需要打开 DevTools。使用 < Ctrl+Shift+J >（或在 Mac 上使用 <Cmd+Opt+J>）打开 DevTools 并将焦点放在控制台上。尝试在控制台中键入一个和计算（sum），如下所示：

```
1 + 1
```

你会在控制台中看到输出（图 A.1）。这是获取 JavaScript 快速反馈的好方法，我经常会在那里写一些函数。

在本书中，当让你在控制台写一些东西的时候，所指的控制台就是这个。

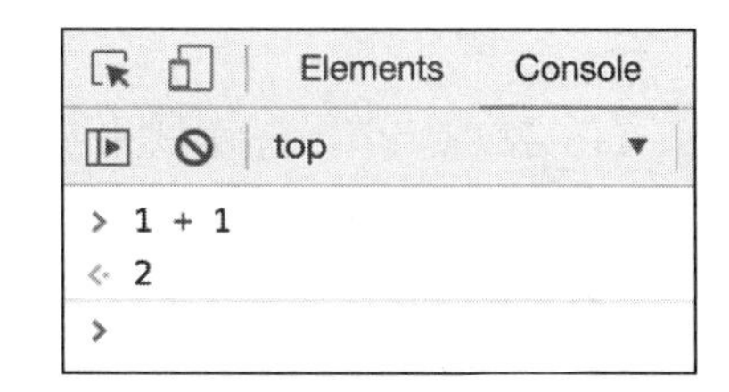

图 A.1　使用 Chrome 控制台

A.4 安装 Vue.js Devtools Chrome 扩展

用于 Chrome 的 Vue.js Devtools 扩展是一种开发工具，它使得调试 Vue 组件、事件和 Vuex 更加容易。要在 Chrome 中安装 Vue.js Devtools，请转到 Chrome Webstore 页面 http://mng.bz/1qxn。

Vue Devtools 将新的选项卡添加到 Chrome DevTools 窗口。你可以使用它审查 Vue 组件树并查看每个组件的状态（图 A.2）。

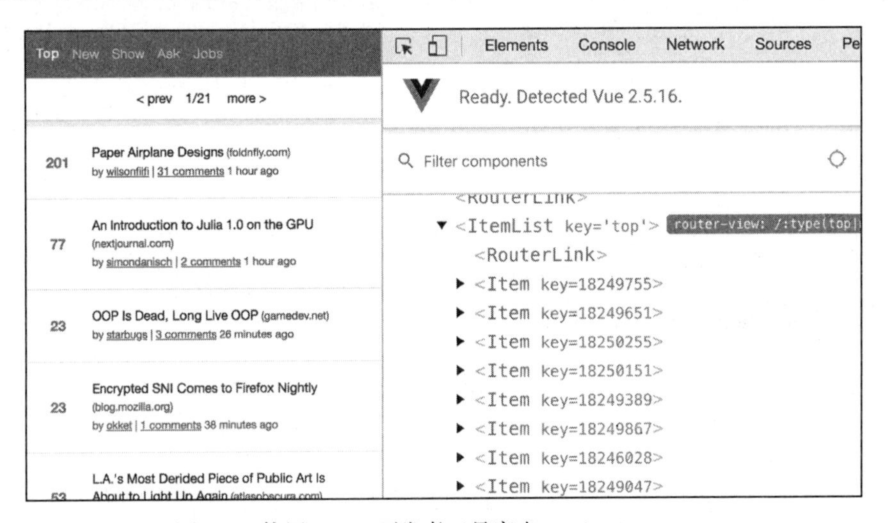

图 A.2 使用 Vue.js 开发者工具审查 Hacker News app

我不会在本书中教你如何使用它，但是如果你对应用程序感到困惑，或者想要调试组件树，那么 Vue.js Devtools 非常有用。想要针对 Vue 开发人员更全面的调试指南，请在 https://alligator.io/vue js/vue devtools/ 阅读 Joshua Bemender-fer 的文章“Using the Vue.js Devtools”。

A.5 安装 Node 和 npm

在本书中，你会在 Node 中运行测试，并使用 npm 来管理包，因此你需要在计算机上同时安装这两个包。npm 与 Node 绑在一起。如果你已经安装了这两个，很好，可以跳到下一节了。

你可以使用不同的方式来安装 Node：

- 一键安装程序
- Homebrew 或者 MacPorts（只有 OSX 可用）
- 使用 Linux 包管理系统（只有 Linux 可用）
- 使用 NVM

A.5.1 使用一键安装程序安装 Node

这是安装 Node 最简单的方式。如果你使用的是 Windows 或者是 MacOS，一键安装方法可在线使用。访问 Node 网站，按照 https://nodejs.org/en/download 里的说明使用安装程序下载 Node。

A.5.2 使用 Homebrew 安装 Node（只有 OSX 系统可用）

Homebrew 是 MacOS 的软件包管理器。如果你已经安装了 Homebrew，则可以使用它来安装 Node。如果你没有 HomeBrew，可以从网站 https://brew.sh 安装。如果你不熟悉 Homebrew，建议使用 Mac 一键安装程序安装。

想要使用 Homebrew 安装 Node，在命令行输入以下命令：

```
brew install node
```

A.5.3 使用 Linux 包管理系统（只有 Linux 可用）

大多数 Linux 发行版在其包存储库中都有 Node。你需要在命令行中输入 Linux 发行版对应的正确命令。

在 Ubuntu 中，你可以使用 apt-get：

```
sudo apt-get install -y nodejs
```

在 Arch Linux 中，你可以使用 pacman：

```
pacman -S nodejs npm
```

在 CentOS 中，你可以使用 yum：

```
sudo yum -y install nodejs
```

Node 网站有一个所有已知包管理器的列表，其中包括存储库中的 Node，以及如何使用它们进行安装的说明，网址为 https://nodejs.org/en/download/package manager。

A.5.4 使用 NVM 进行安装

NVM 是一个帮助安装并管理 Node 版本的脚本。它提供了一种在同一台机器上使用多个 Node 版本的方法。

这里就不给出有关使用 NVM 的详细说明了，你可以在 GitHub 仓库上阅读有关安装和使用的信息（https://github.com/creationix/nvm）。但是，如果你经常使用 Node，我建议使用 NVM。

A.5.5 验证 npm 和 Node 是否已安装

想要验证 Node 是否已经在你的机器上安装，可以在命令行输入以下命令：

```
node -v
```

它将会输出 Node 的版本号，比如 v8.1.1。如果命令行抛出错误，那么 Node 就没有安装。想要成功安装，你需要采取另外一种方式。接下来像下面这样检查 npm 是否被安装：

```
npm -v
```

同样，它应该输出一个版本号，比如 5.0.3。默认情况下，Node 自带 npm，所以如果安装了 Node，那么 npm 也应该被安装了。如果没有，你可以按照 npm 网站 https://www.npmjs.com/get-npm 上的指南进行安装。

A.6 安装 Git

要与本书一起使用，你需要从 GitHub 克隆 Git 仓库，因此需要安装 Git。要检查计算机上是否安装了 Git，请输入以下命令：

```
git --version
```

你应该可以看到一个版本号，就像 git version 2.11.1 这样。如果没有安装 Git，那么命令行就会抛出一个错误。

如果没有安装 Git，你可以遵循 Git 网站 http://mng.bz/Waad 的官方指导进行安装。

A.7 打开新的一章

在本书中，你将进行 Hacker News 应用程序的开发。你可以在 GitHub 网站 https://github.com/eddyerburgh/vue-hackernews 上获取到它。

本书中大部分章节在 Git 上都有其对应的分支可供使用。为了能够跳转到某一章节并在该章节代码示例中进行工作，你可以使用 Git 切换到该章节的相关分支。

注释 在 Git 项目中，分支是代码库的不同版本。你可以在 Git 网站 http://mng.bz/jOOV 上阅读更多关于 Git 分支的内容。

开始起步前，如下所示，请先使用 git clone 下载代码仓库：

```
git clone git@github.com:eddyerburgh/vue-hackernews.git
```

如果你没有在 GitHub 设置 SSH，可以使用 HTTPS 版本，如下所示：

```
git clone https://github.com/eddyerburgh/vue-hackernews.git
```

想要获取章节对应的代码，你需要切换到该章节分支下。要做到这一点，你需要先切入到 Git 仓库，就像这样：

```
cd vue-hackernews
```

然后使用 git checkout 切换分支：

```
git checkout chapter-2
```

如果你正处于某一章的学习之中，你应该把代码切换到那一章的分支。例如，如果你已经跳转到了第 4 章学习，那么当你在 Git 仓库中时，你可以使用 git checkout 切换到 chapter-4 分支仓库中，就像下面这样：

```
git checkout chapter-4
```

注释　本书代码仓库中没有 chapter-5 和 chapter-6 分支。

A.8　打开第 5 章

第 5 章使用了不同的项目来学习如何在 Vue 应用程序中测试事件。要开始这部分的学习，请使用 git clone 下载项目，如下所示：

```
git clone git@github.com:eddyerburgh/vue-email-signup-form-app.git
```

或者使用 HTTPS，如下所示：

```
git clone https://github.com/eddyerburgh/vue-email-signup-form-app.git
```

切换进入 Git 仓库：

```
cd vue-email-signup-form-app
```

然后使用 git checkout 切换到起步分支：

```
git co starter
```

A.9　安装 Java Development Kit

在第 13 章中，你将会运行 Selenium Server，而它需要 Java Development Kit (JDK)。Java 最低要求版本是 7（完整版本字符串是 1.7.0）。如下所示，你可以在命令行中检查你的 Java 版本。

```
java -version
```

如果 Java 最低版本你都不曾安装，遵循 Java 网站 http://mng.bz/8JJW 的指导来为你的操作系统进行安装。

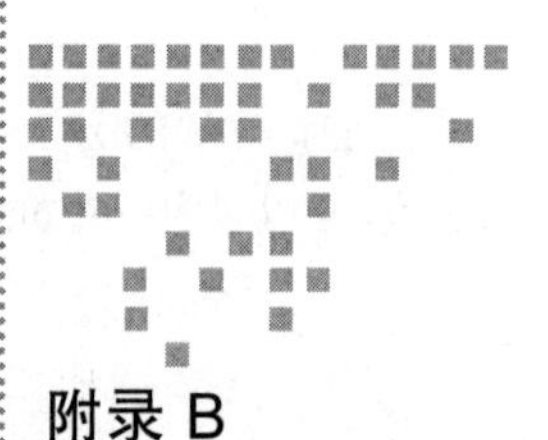

Appendix B 附录 B

运行生产构建

在本附录中，你将学习如何在本地运行 Hacker News 应用程序的生产打包。

B.1 了解生产构建

Hacker News 应用程序有两条构建管道——生产环境和开发环境。存在这两个不同的构建管道是因为想要生成不同的文件，不同取决于你是在开发应用程序还是通过 HTTP 为应用程序提供服务。

开发打包会创建带有 source map 和热模块替换的 JavaScript 文件。如下所示，你可以通过使用 server 脚本，在开发服务器运行开发环境下的构建：

```
npm run serve
```

定义 当你对代码进行更改时，热模块替换可以在浏览器更新模块而不丢失状态。你可以在 webpack 网站 http://mng.bz/NAAx 查看更多关于热模块替换的内容。

生产构建会压缩 JavaScript 文件来使得最终的打包文件体积尽可能地小。该应用程序会使用 HTTP 来提供文件服务，因此字节越少越好。目前项目中还没有服务器来为生产文件提供服务，因此想要运行生产打包，你需要生成打包文件，然后使用 HTTP 来为文件提供静态服务。

B.2　在本地运行 Hacker News 生产构建

想要打包 Hacker News 应用程序用于生产环境，你需要运行 build 脚本。在 Hacker News 目录下，在命令行运行下列命令以创建生产构建：

```
npm run build
```

该操作将使用 webpack 打包你的项目。最终包含 index.html 的打包文件会生成在 dist 文件夹中。

你可以使用 Node 模块 http-server 来创建服务器。首先就是在全局安装 http-server：

```
npm install http-server -g
```

使用 cd 切入到 dist 文件夹，如下，运行这个简单的服务器：

```
http-server
```

该操作将创建一个监听 8080 端口的服务器。如果你遇到了 [Errno 48] 错误，说明 8080 端口处于忙碌状态。你可以把端口号更换为其他值并重试，如下：

```
http-server -p 1234
```

当服务器正在运行时，你会看到一个 Starting up http-server, serving ./ 消息。打开浏览器并前往 http://localhost:8000。你看到的就是你的应用程序！

将应用程序部署到生产环境超出了本书的范围。有很多种方式可以托管你的应用程序，具体选择哪一个提供者取决于你。

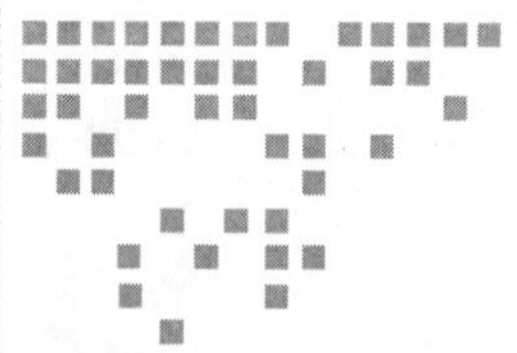

Appendix C 附录 C

练习题答案

本附录提供了章末练习的答案。

第 2 章

1.
```
test('renders Hello, World!', () => {
  const wrapper = shallowMount(TestComponent)
  expect(wrapper.text()).toContain('Hello, World!')
})
```

2. shallowMount

第 3 章

1.
```
test('renders item.author, () => {
  const item = {
    author: 10
  }
  const wrapper = shallowMount(Item, {
    propsData: { item }
  })
  expect(wrapper.text()).toContain(item.author)
})

test('renders item.score, () => {
  const item = {
    score: 10
  }
  const wrapper = shallowMount(Item, {
    propsData: { item }
  })
  expect(wrapper.text()).toContain(item.score)
})
```

2.
```
import Child from 'child'
```

```
test('renders Child', () => {
  const wrapper = shallowMount(TestComponent)
  expect(wrapper.find(Child).props().testProp).toBe('some-value')
})
```

3.
```
test('renders a tag with correct href', () => {
  const wrapper = shallowMount(TestComponent)
  expect(wrapper.find('a').attributes().href).toBe('https://google.com')
})
```

4.
```
test('renders p tag with correct style', () => {
  const wrapper = shallowMount(TestComponent)
  expect(wrapper.find('p').element.style.color).toBe('red')
})
```

第 4 章

1.
```
test('styles the bar correctly when fail is called', () => {
  const wrapper = shallowMount(ProgressBar)
  expect(wrapper.classes()).not.toContain('error')
  wrapper.vm.fail()
  expect(wrapper.classes()).toContain('error')
})
```

2.
```
test('sets the bar to 100% width when fail is called', () => {
  const wrapper = shallowMount(ProgressBar)
  wrapper.vm.fail()
  expect(wrapper.element.style.width).toBe('100%')
})
```

3.
```
test('calls $bar.fail when load unsuccessful', async () => {
  const $bar = {
    start: () => {},
    fail: jest.fn()
  }
  fetchListData.mockImplementation(() => Promise.reject())
  shallowMount(ItemList, { mocks: { $bar }})
  await flushPromises()

  expect($bar.fail).toHaveBeenCalled()
})
```

第 5 章

1. 使用包装器 trigger 方法。

2. 通过使用 $emit 方法在子组件实例上发出事件。

第 7 章

1. 你需要模拟许多 Vuex 方法。这或许会使测试通过，但测试还是不正确的，因为模拟方法表现得与实际方法并不一致。

2. 测试还不够具体。如果测试失败，可能很难找出测试失败的地方并对它进行修复。

3.
```
test('mounts correctly', () => {
  const localVue = createLocalVue()
```

```
  localVue.use(Vuex)
  const store = new Vuex.Store(storeConfig)
  shallowMount(TestComponent, {
    localVue,
    store
  })
})
```

第 8 章

1. Don't repeat yourself。
2. 工厂函数可以避免代码重复，并提供了一个可遵循的模式。

第 10 章

1.
```
test('calls injectedMethod with the route path', () => {
  const $route = { path: '/some/path' }
  const injectedMethod = jest.fn()
  shallowMount(TestComponent, { mocks: { $route, injectedMethod } })
  expect(injectedMethod).toHaveBeenCalledWith($route.path)
})
```
2. vuex-router-sync

第 11 章

1.
```
test('calls myMethod beforeMount', () => {
  const Component = {
    methods: {
      myMethod: jest.fn()
    },
    mixins: [testMixin]
  }
  shallowMount(Component)
  expect(Component.methods.myMethod).toHaveBeenCalled()
})
```
2.
```
function capitalize (string) {
    return string.charAt(0).toUpperCase() + string.slice(1);
}
```
3.
```
// test-setup.js
import Vue from 'vue'
import uppercase from './uppercase'

Vue.filter('uppercase', uppercase)

// TestComponent.spec.js
test('renders a capitalized name', () => {
  const wrapper = shallowMount(TestComponent, {
    propsData: {name: 'edd'}
  })
  expect(wrapper.text()).toContain('Edd')
})
```

第 12 章

1. 1 个，因为静态组件只有一个逻辑分支。

2. 因为日期会随着时间改变，即使代码没有更改，也会导致快照测试失败。快照测试的结果必须是确定的。

3.
```
test('renders correctly', () => {
  const wrapper = shallowMount(TestComponent)
   expect(wrapper.element).toMatchSnapshot()
})
```

第 13 章

1.
```
/**
 * @jest-environment node
 */
```

2. render 会返回一个 Cheerio 包装器对象，renderToString 会返回一个字符串。

推荐阅读

华章前端经典

HTML 5与
CSS 3权威指南
（第3版·上册）

HTML 5与
CSS 3权威指南
（第3版·下册）

Effective JavaScript
编写高质量JavaScript代码的
68个有效方法

Learning Three.js
Three.js
开发指南
WebGL的JavaScript 3D库（原书第2版）

深入浅出
React和Redux

React Native
移动开发实战

Front-End Tooling
Web
前端自动化构建
Gulp、Bower和Yeoman开发指南

图解CSS3
核心技术与案例实战
Illustrated CSS3
Details and Cases

高效前端
Web高效编程与优化实践
EFFECTIVE FRONT END